零基础家电维修
从入门到精通

电控科技 组织编写

 化学工业出版社

·北京·

内 容 简 介

本书采用全彩色图解的方式，全面系统地介绍了家电维修的基础知识和技能，内容涵盖了家电维修的各个方面，包括电路识图、检测工具使用、常用部件检测与代换、实用电路检测等。本书还详细介绍了液晶电视机、空调器、电冰箱、洗衣机、电磁炉、微波炉、电饭煲等常见家电的维修方法，以及抽油烟机、燃气灶等厨房家电和其他小家电的维修技巧。

本书内容全面实用，重点突出，案例丰富，大量图解演示直观清晰，帮助读者更好地理解和解决家电维修中遇到的问题。同时在重要知识点还配有视频讲解，扫描书中二维码即可观看，视频配合图文讲解，轻松掌握维修技能。

本书可供家电维修人员学习使用，也可供职业院校、培训学校相关专业师生参考。

图书在版编目（CIP）数据

零基础家电维修从入门到精通/电控科技组织编写. —北京：化学工业出版社，2024.6
ISBN 978-7-122-45362-4

Ⅰ. ①零… Ⅱ. ①电… Ⅲ. ①日用电气器具 - 维修 - 图解 Ⅳ. ① TM925.07-64

中国国家版本馆 CIP 数据核字（2024）第 068094 号

责任编辑：万忻欣　李军亮　　　装帧设计：张　辉
责任校对：王　静

出版发行：化学工业出版社
　　　　　（北京市东城区青年湖南街 13 号　邮政编码 100011）
印　　装：河北尚唐印刷包装有限公司
787mm×1092mm　1/16　印张 14　字数 340 千字
2024 年 7 月北京第 1 版第 1 次印刷

购书咨询：010-64518888　　　　售后服务：010-64518899
网　　址：http://www.cip.com.cn
凡购买本书，如有缺损质量问题，本社销售中心负责调换。

定　　价：99.00 元

随着科技的快速发展和人们生活水平的提高，家电产品已经成为我们日常生活中不可或缺的一部分，家电产品品种数量越来越多，智能化程度越来越高，更新换代速度也越来越快，这也带来了维修需求的增长。面对要求越来越高的维修技术要求，掌握全面的维修知识和技能是成为一名合格维修人员的关键。

为此，我们根据国家相关的职业标准，按照家电维修的技术要求，特别编写了《零基础家电维修从入门到精通》，旨在为读者提供一本系统、全面的家电维修图书，帮助读者从零开始，逐步掌握家电维修的基本知识与技能。本书内容涵盖了家电维修的各个方面，从基础知识到专业技能，从简单维修到复杂故障排除，都进行了详细的介绍，包括家电产品的结构原理、电路识图、检测工具与仪表的使用、常用部件的检测与代换等基础知识，并在此基础上详细介绍了不同家电的结构原理和维修案例。

本书的特点主要体现在以下四个方面。

1. 内容全面，贴近实际需求。本书涵盖了家电维修的各个方面，从基础知识到专业技能，都进行了详细的介绍，满足了读者从入门到精通的学习需求。

2. 以岗位就业为目标，定位明确。本书不仅适合家电维修爱好者阅读学习，也适合专业维修人员参考使用，为读者的职业发展提供了有力支持。

3. 全书彩色图解，直观易懂。通过大量的彩色图解和实物照片，让读者更加直观地了解家电产品的结构原理和维修过程，提高了学习的效率和效果。

4. 微视频辅助讲解，学习便捷。本书配备了丰富的微视频资源，读者可以通过扫描二维码观看维修实操演示，更加深入地了解维修过程，提高学习效果。

本书由电控科技组织编写，编写人员有韩雪涛、吴瑛、韩广兴、张丽梅等行业工程师、高级技师和一线教师。

由于水平有限，书中难免会出现疏漏和不足，欢迎读者指正。

编　者

目录

7 **第7章
空调器维修** **98**

8 **第8章
电冰箱维修** **112**

9 第9章
洗衣机维修 ———————————————————— 127

10 第10章
电磁炉维修 ———————————————————— 139

11 第11章
微波炉维修 ———————————————————— 156

12 第12章 电饭煲维修 — 168

13 第13章 抽油烟机和燃气灶维修 — 178

14 第14章 其他小家电维修 — 188

第1章
家电维修的基本方法与安全注意事项

1.1　家电产品检修的基本方法

　　了解和学习电子产品电路的基本检修方法是掌握电子产品维修技能的基础，也是基本的入门环节。

1.1.1　家电产品检修的基本规律

（1）基本的检修顺序

　　家电产品的检修过程就是分析故障、诊断故障、检测可疑电路、调整和更换零部件的过程。在整个过程中分析、诊断和检修故障是重要的环节，没有分析和诊断，检修必然是盲目的。

　　所谓分析和诊断故障就是根据故障现象及故障发生后所表现出的征兆，诊断出可能导致故障的电路和部件。

　　由于不同电子产品的电路及结构的复杂性不同，在实际的检修过程中，仅靠分析和诊断还不能完全诊断出故障的确切位置，还需要借助于检测和试调整等手段。

　　在检修电子产品时，如何在数以千计的电子元器件中找到故障点，是维修的关键。要做到这一点，必须遵循科学的方法，掌握故障的内在规律。对于初学电子产品维修的人员来说，遇到故障机，先从哪里入手，怎样进行故障的分析、推断和检修是十分重要的。

　　一般来说，检修家电产品可遵循四个基本步骤，见图 1-1。

　　① 了解并确定故障的"症状"　确定"症状"是指，我们必须知道设备正常工作的状态，更重要的是能辨别出什么时候设备没有正常工作。

　　例如，电视机都有操作部分，还有扬声器和显像管。根据扬声器和显像管输出的声、像表现，来思考和分析这部电视机什么地方有异常会产生这些"症状"。

　　在确定故障这一步骤里，不要急于动手拆卸设备，也不要忙于动用测试设备，而是要认真做一次直观检查，注意询问与故障出现前后相关的现象：

　　a.询问故障具体现象，进而判断故障出在机内还是机外，是软故障还是硬故障；

　　b.询问时间，即询问机器购买和使用的时间，根据时间可以判断是早期、中期或晚期故障，从而采取相应的对策；

　　c.询问使用情况，确认用户使用情况及操作是否正确，如音响产品中操作按键及切换检修较多，可能有些功能处于关闭状态而导致无法工作；

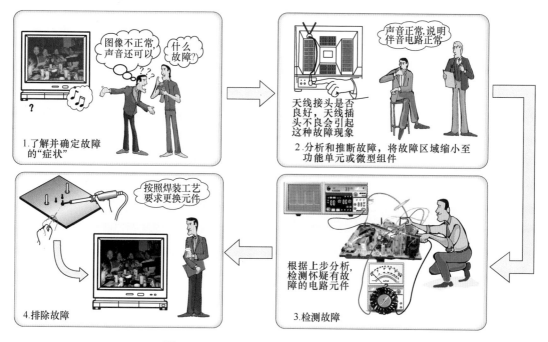

图 1-1 电子产品维修的工艺流程示意图

　　d. 询问检修历程，询问用户该设备是否有过检修历史，当时故障是什么，哪里的问题，是否修好，等等，根据这些情况判断现在的故障与过去的故障是否有联系等。

　　最后，进行一次操作检查，利用产品上的可操作部件，如各种开关、旋钮等，在操作过程中注意哪些性能正常，哪些不正常，由此通过调节控制部分进一步得到更多的信息。

　　② 分析和推断故障，将故障区域缩小至功能单元或微型组件　分析和推断故障就是根据故障现象揭示出导致故障的原因。每种电路的故障或机械零部件的失灵都会有一定的"症状"，都存在着某种内在的规律。然而在实际中不同的故障却可能表现出相同的形式，所以从一种故障现象往往会推断出几种故障的可能性，而且一些家电产品，如音响、电视产品等电路结构复杂，更是给分析和推断带来了很多困难。

　　通常在该步骤中，我们可以利用各种图纸资料帮助分析和判断，如常见的电路原理图、方框图、元件安装图、印制板图等，根据这些图纸资料将一个个复杂的电子设备电路细分成若干单元或若干有确定目的或功能的区域。例如，一台彩色电视机，我们可以根据图纸资料将其分为音频部分、视频部分、控制部分、电源部分和显像管，那么当电视机出现控制失常时，则可重点分析控制电路部分；当电视机无声音时，则可重点分析音频电路部分；等等。

　　③ 检测故障　在一些电子产品的检修过程中，通过分析和推断，可以判断出故障的大体范围。但若要确定故障部位，还需进行仔细的检测，也就是找到具体的故障元件，如是集

成电路损坏，还是晶体管或电阻器、电容器损坏等。检测的内容主要是主信号通道上的输入输出波形，公共通道上的输入输出电压值等，若检测到有信号失落或衰落，电压输出不稳或无输出，则基本上就找到了故障的部位或线索。

例如，对于控制电路的检测，其核心的微处理器一般为大规模的集成电路，对该电路模块的检查一般从其相关引脚的外围元件入手，还要检查信号通道上是否有短路或断路的情况。测量通道上各点对地的阻抗，如果出现与地短路的情况或是出现阻抗为无穷大（100 kΩ以上），则相关元件有短路或断路情况，这必然导致无信号的故障。通过这样的测量也就找到了故障的元件，更换这些损坏的元件即可排除故障。

④ 排除故障 通过上述的三个步骤便可以找到相应的故障根源。找到故障的根源可以说就解决了问题的一大半，接下来就要排除故障。该步骤一般包括三方面工作。

a. 对故障零件的修复。如对组合音响中的电位器、开关、接插件等的修复，变形不太严重的部件的修复，等等。

b. 更换零件。对于无法修复的元器件、部件要进行更换。

c. 更换零件后对相关部分的调整。不论是修复还是更换零件，有时需要重新调整相关部分，如更换中频变压器后需要重调中频等，这一点非常重要。

在该步骤中，往往要涉及调试、拆卸及焊接的操作。在该程序中要求维修人员的操作要规范，且符合调试及焊装的工艺要求。

（2）基本的检修原则

为了能够快速地形成对产品故障的判断，顺利地发现故障所在，而不至于扩大故障范围造成新的故障，在此特提出几条检修的基本原则。

① 先"静"后"动"

a. 机器要先"静"后"动"。这里"静"是指不通电的状态，"动"是指通电后的状态。要根据对故障揭示的情况，来决定是否通电。如果用户已说明机器发生过冒烟、有烧焦味等现象时，就不要轻易通电。应先打开机器，检查一下电源变压器、整流电路、稳压电路、电机等有无异常现象，然后再决定是否通电检查。

b. 维修人员先"静"后"动"。在开始检修时，维修人员要先"静"下来，不要盲目动手，要根据掌握的资料和故障现象，对故障原因从原理、结构、电路上进行分析，形成初步的判断，确定好方向，然后再动手。

c. 电路要先"静"后"动"。这里"静"是指无信号时静态工作状态和直流工作点，"动"是指有信号时的动态工作状态。就是说，对整机电路工作状态的检查，要先查直流电路，包括供电、偏置、直流工作点等；后检查交流电路，如耦合、旁路、反馈等。一般一个出厂产品在设计时已保证了在静态正确的基础上有一个合乎要求的动态范围，如果没有交流方面的故障，那么静态正常后，动态一般也正常。

② 先"外"后"内" 是指先排除机器设备本身以外的故障，再检修内部。例如，一台数码影碟机不读盘，或读盘过程中卡得厉害，更换光盘后正常，说明影碟机本身并无故障。

③ 先"共"后"专" 在前述检修步骤中分析和推断故障缩小范围时，要先考虑共用电路，后考虑专用电路，如组合音响共用的音频放大电路、电源电路，电动产品中的控制驱动电路、电源电路等。

④ 先"多"后"少" 分析机器某一故障的原因时，要首先考虑最常见的多发性原因，

然后再考虑罕见的原因。在常见的家用电子产品中，出现故障的许多部位有相似之处，特别是同类机型，先考虑常见的多发性原因，通常可以提高维修的速度。要做到这一点，需要维修人员了解家用电子产品各类故障所占的比例，这就需要在检修过程中注意经验的积累。

1.1.2 家电产品检修的常用方法

常见的电子产品电路检修方法主要有直观检查法、对比代换法、信号注入和循迹法、电阻/电压检测法几种。

（1）直观检查法

直观检查法是维修判断过程的第一步骤，也是最基本、最直接、最重要的一种方法，主要是通过看、听、嗅、摸来判断故障可能发生的原因和位置，记录其发生时的故障现象，从而制定有效的解决办法。

在使用观察法时应该重点注意以下几个方面。

① 观察电子产品是否有明显的故障现象，如是否存在元器件脱焊断线，电机是否转动，印制板有无翘起、裂纹等现象并记录下来，以此缩小故障判断的范围。

采用观察法检查电子产品的明显故障实例见图1-2。

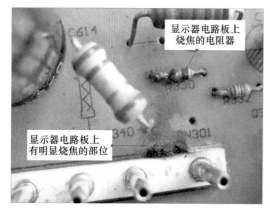
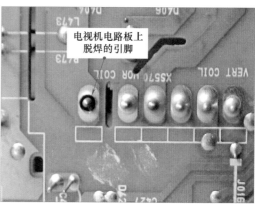

图1-2 采用观察法检查电子产品的明显故障实例

② 听产品内部有无明显声音，如继电器吸合、电动机磨损噪声等。

③ 打开外壳，依靠嗅觉来检查有无明显烧焦等异味。

④ 利用手触摸元器件如晶体管、芯片是否比正常情况下发烫或松动，机器中的机械部件有无明显卡紧无法伸缩等。

采用触摸法检查电子产品的故障实例见图1-3。

> **提示**
>
> 在采用触摸法时，应特别注意安全，一般可将机器通电一段时间，切断电源后，再进行触摸检查。若必须在通电情况下进行时，触摸的必须是低电压电路，严禁用双手同时去接触交流电源附近的元器件，以免发生触电事故。在拨动有关元器件时，一定仔细观察故障现象有何变化，机器有无异常声音和异常气味，不要人为添加新故障。

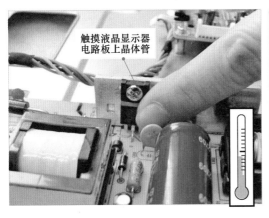

图 1-3　采用触摸法检查电子产品的故障实例

（2）对比代换法

对比代换法是用好的部件去代替可能有故障的部件，以判断故障可能出现的位置和原因。

例如，对电磁炉等产品进行检修时，怀疑 IGBT（电磁炉中的关键元器件）故障，可用好的晶体管进行替换。

使用对比代换法代换电磁炉中的 IGBT 见图 1-4。

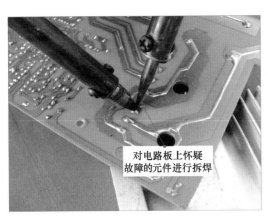

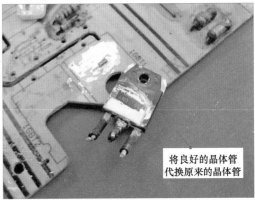

图 1-4　使用对比代换法检修电磁炉故障实例

若代换后故障排除，则说明可疑元件确实损坏；如果代换后，故障依旧，说明可能另有原因，需要进一步核实检查。

> **提示**

使用代换法时还应该注意以下几点。

① 依照故障现象判断故障　根据故障的现象类别来判断是不是由某一个部件引起的故障，从而考虑需要进行替换的部件或设备。

② 按先简单再复杂的顺序进行替换　电子产品通常发生故障的原因是多方面的，而

不是仅仅局限于某一点或某一个部件上。在使用代换法检测故障而又不明确具体的故障原因时，则要按照先简单后复杂的替换法来进行测试。

③ 优先检查供电故障 优先检查怀疑有故障的部件的电源、信号线，其次是代换怀疑有故障的部件，接着是替换供电部件，最后是与之相关的其他部件。

④ 重点检测故障率高的部件 经常出现故障的部件应最先考虑。若判断可能是由于某个部件所引起的故障，但又不敢肯定一定是此部件的故障时，便可以先用好的部件进行部件替换以便测试。

（3）信号注入和循迹法

信号注入和循迹法是应用最为广泛的一种检修方法。具体的方法是，为待测设备输入相关的信号，通过对该信号处理过程的分析和判断，检查各级处理电路的输出端有无该信号，从而判断故障所在。

信号注入和循迹法的基本操作流程见图1-5。

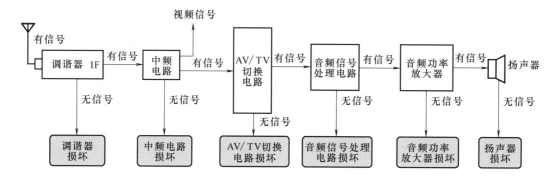

图1-5 信号注入和循迹法的基本操作流程

该方法遵循的基本判断原则为若一个器件输入端信号正常，而无输出，则可怀疑为该器件损坏（注意有些器件需要为其提供基本工作条件，如工作电压。只有输入信号和工作电压均正常的前提下，无输出时，才可判断为该器件损坏）。

图1-6为采用信号注入和循迹法检修家电的操作实例。

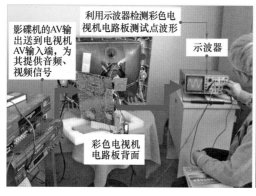

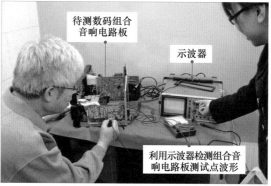

图1-6 采用信号注入和循迹法检修家电的操作实例

（4）电阻／电压检测法

电阻／电压检测法则主要是根据电子产品的电路原理图，按电路的信号流程，使用检测仪表对怀疑故障的元件或电路进行检测，从而确定故障部位。采用该方法检测时，万用表是使用最多的检测仪表，这种方法也是维修时的主要方法。通常，这种方法主要应用于电子产品电路方面的故障检修中。

① 电阻检测法是指使用万用表在断电状态下，检测被怀疑元件的阻值，并根据对检测阻值结果的分析，来判断出待测设备中的故障范围或故障元件。

利用电阻检测法测量典型电子产品阻值见图 1-7。

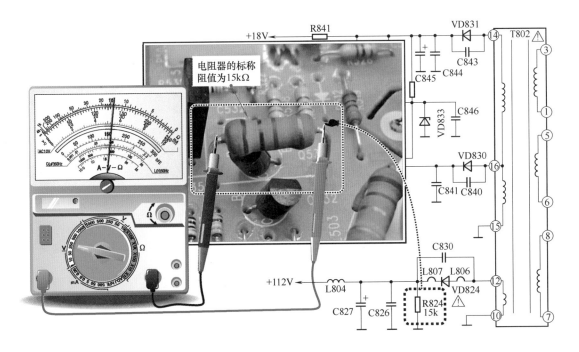

图 1-7　利用电阻检测法测量典型电子产品阻值

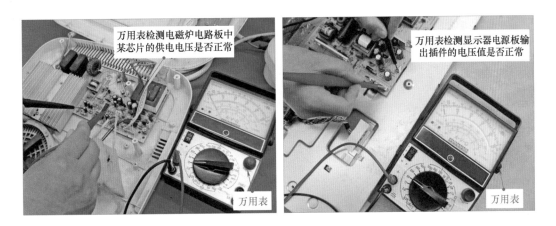

图 1-8　利用电压检测法测量典型电子产品电压值

② 电压检测法是指使用万用表在通电状态下，检测被怀疑电路中某部位或某元件引脚端的电压值，并根据对检测电压值结果的分析，来判断出待测设备中的故障范围或故障元件。

利用电压检测法测量典型电子产品电压值见图1-8。

1.2 家电产品检修的安全注意事项

1.2.1 家电产品检修过程中的设备安全

（1）家电产品拆装过程中的安全注意事项

① 注意操作环境的安全　在拆卸电子产品前，首先需要对现场环境进行清理，另外，对一些电路板集成度比较高、内部多采用贴片式元件的电子产品拆装时，应采取相应的防静电措施，如操作台采用防静电桌面，佩戴防静电手套、手环等。

防静电操作环境及防静电设备见图1-9。

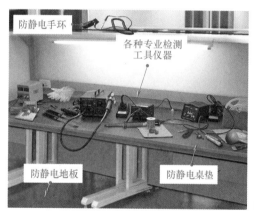

图1-9　防静电操作环境及防静电设备

② 注意操作方面的安全　目前，很多电子产品外壳采用卡扣卡紧，因此在拆卸产品外壳时，应注意先"感觉"一下卡扣的位置和卡紧方向，必要时应使用专业的撬片（如对液晶显示器、手机拆卸时），避免使用铁质工具强行撬开，否则会留下划痕，甚至会造成外壳开裂，影响美观。而且，在进行取下外壳操作时，应注意先将外壳轻轻提起一定缝隙，通过缝隙观察产品外壳与电路板之间是否连接有数据线缆，然后再进行相应操作。

电子产品外壳拆卸注意事项见图1-10。

> **提示**
>
> 拔插一些典型部件时，首先整体观察所拆器件与其他电路板之间是否有引线、弹簧、卡扣等，并注意观察与其他部件或电路板的安装关系、位置等，防止安装不当引起故障。

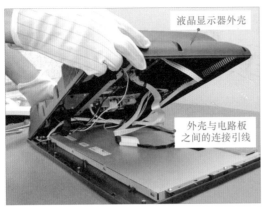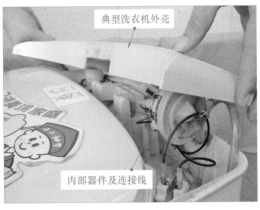

图 1-10　拆卸外壳时的注意事项

在对电子产品内部进行接插件插拔操作时，一定要用手抓住插头后再将其插拔，切不可抓住引线直接拉拽，以免造成连接引线或接插件损坏。另外，插拔时还应注意接插件的插接方向。拔插引线注意事项见图 1-11。

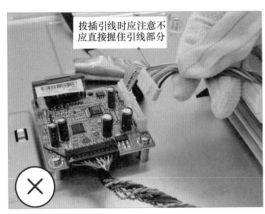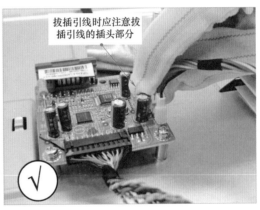

图 1-11　拔插引线注意事项

（2）家电产品检测中的安全注意事项

为了防止在检测过程中出现新的故障，除了遵循正确的操作规范和养成良好的习惯外，针对不同类型器件的检测应采取相应的安全操作方法，在此详细归纳和总结了几种产品检测中的安全注意事项，供读者参考。

① 分立元件的检修注意事项　分立元件是指普通直插式的电阻、电容、晶体管、变压器等元件，在动手对这些元件进行检修前首先需要了解其基本的检修注意事项。

a. 静态环境下检测注意事项。静态环境下的检测是指在不通电的状态下进行的检测操作。通常在这种环境下的检测较为安全，但作为合格的检修人员，也必须严格按照工艺要求和安全规范进行操作。

另外值得一提的是，对于大容量的电容器等元件即使在静态环境下检测，在检测之前也需要对其进行放电操作。因为，大容量电容器存储有大量电荷，若不进行放电直接检测，极易造成设备损坏。

例如，检测照相机闪光灯的电容器时，错误和正确的操作方法见图1-12。

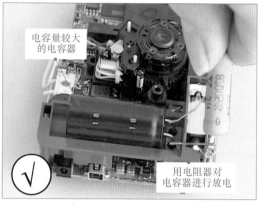

图1-12 检测照相机闪光灯的电容器时，错误和正确的操作方法

从图1-12中可以看到，由于未经放电，电容器内大量电荷瞬间产生的火球会对测量造成危害。正确的方法是在检测前可用一只小电阻与电容器两引脚相接，释放存储于电容器中的电量，防止在检测时烧坏检测仪表。

b.通电环境下检测注意事项。在通电环境下检测元件时，通常是对其电压及信号波形的检测，此时需要检测仪器的相关表笔或探头接地，因此首先要找到准确的接地点后，再进行测量。

首先了解电子产品电路板上哪一部分带有交流220V电压，通常与交流火线相连的部分称为"热地"，不与交流220V电源相连的部分称为"冷地"。在电子产品中，大多数开关电源的部分属"热地"区域，检测部位在"冷地"范围内一般不会有触电的问题。

典型电子产品电路板（彩色电视机）上的"热地"区域标识及分立元件见图1-13。

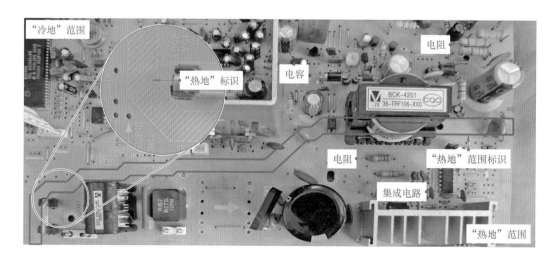

图1-13 "热地"区域标识及分立元件

　　除了要注意电路板上的"热地"和"冷地"外，还要注意在通电检修前要安装隔离变压器，严禁在无隔离变压器的情况下，用已接地的测试设备去接触带电的设备。严禁用外壳已接地的仪器设备直接测试无电源隔离变压器的电子产品，虽然一般的电子产品都具有电源变压器。当接触到较特殊的尤其是输出功率较大或对采用的电源性质不太了解的设备时，要弄清该电子产品是否带电，否则其极易与带电的设备造成电源短路，甚至损坏元件，造成故障进一步扩大。

　　c.接地安全注意事项。检测时需注意应首先将仪器仪表的接地端接地，避免测量时误操作引起短路的情况。若某一电压直接加到晶体管或集成电路的某些引脚上，可能会将元器件击穿损坏。

　　检测中，应根据图纸或电路板的特征确定接地端。检测设备和仪表接地操作见图1-14。

图 1-14　检测设备和仪表接地操作

　　另外，在维修过程中不要佩戴金属饰品，例如有人戴着金属手链维修液晶显示器时，手链滑过电路板时会造成某些部位短路，损坏电路板上的晶体管和集成电路，使故障扩大。

　　② 贴片元件的检修注意事项　常见的贴片元件有很多种，如贴片电阻、贴片电容、贴片电感、贴片晶体管等。相对于分立元件来说，贴片元件的体积较小，集成度较高，在对该类元件进行检修前也需要先了解具体操作的注意事项。

　　使用仪器、仪表通电检测贴片元件时，要注意将电子产品的外壳进行接地，以免造成触电事故。对于引脚较密集的贴片元件，要注意仪器、仪表的表笔准确对准待测点，为了测量准确，也可将大头针连接到表笔上，这样可避免因笔头的粗大造成测量失误或相邻元件引脚短接损坏。

　　自制万用表表笔及示波器探头见图1-15。

　　③ 集成电路的检测注意事项　集成电路的内部结构较复杂，引脚数量较多，在检修集成电路时，需注意以下几点。

　　a.检修前要了解集成电路及其相关电路的工作原理。检查和修理集成电路前首先要熟悉所用集成块的功能、内部电路、主要电参数、各引脚的作用以及各引脚的正常电压、波形、与外围元件组成电路的工作原理，为进行检修做好准备。

　　b.测试时不要造成引脚间短路。由于多数集成电路的引脚较密集，在通电状态下用万

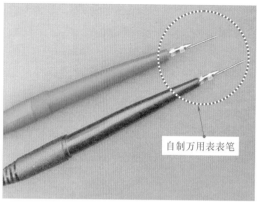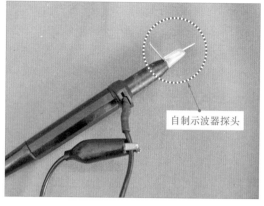

图 1-15　自制万用表表笔及示波器探头

用表测量集成电路的电压或用示波器探头测试信号波形时，表笔或探头要握准，防止笔头滑动打火而造成集成电路引脚间短路，任何瞬间的短路都容易损坏集成电路。最好在与引脚直接连通的外围印刷电路上进行测量。利用印制电路板检测点检测操作见图 1-16。

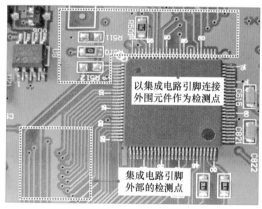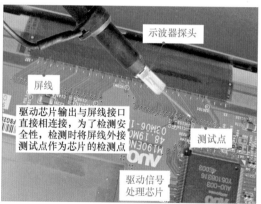

图 1-16　利用印制电路板检测点检测操作

（3）家电产品在焊装中的安全注意事项

在对家电产品的检修过程中，找到故障元件并进行元件代换是检修中的关键步骤，该步骤中经常会使用到电烙铁、吸锡器等焊接工具，由于焊接工具是在通电的情况下使用并且温度很高，因此，检修人员使用焊接工具时要正确使用，以免烫伤。

焊接工具使用完毕后，要将电源切断，放到不易燃的容器或专用电烙铁架上，以免因焊接工具温度过高而引起易燃物燃烧，引起火灾。

另外，在焊接场效应管和集成块时，应先把电烙铁的电源切断后再进行，以防电烙铁漏电造成元器件损坏。通电检查功放电路部分时，不要让功率输出端开路或短路，以免损坏厚膜块或晶体管。

（4）代换可靠性安全注意事项

对电子产品故障进行初步判断、测量后，代换损坏器件是检修中的重要步骤，在该环节需要特别注意的是，保证代换的可靠性。例如，应使修复或代换的元器件或零部件彻底排除故障，不能仅仅满足于临时使用。具体注意的细节主要包含以下几个方面。

① 更换大功率晶体管及厚膜块时，要装上散热片。若管子对底板不是绝缘的，应注意安装云母绝缘片。更换大功率晶体管操作见图 1-17。

图 **1-17**　更换大功率晶体管时的注意事项

② 对一般的电阻器、电容器等元器件进行代换时，应尽量选用与原元器件参数、类型、规格相同的器件。另外，选用元件代换时应注意元件质量，切记不可贪图便宜使用劣质产品。

③ 对于一些没有替换件的集成块及厚膜块等，需要采用外贴元件修复或用分立元件来模拟替代时，也要反复试验，确认其工作正常，确保其可靠后才能进行替换或改动。

提示

检修过程中注意维修仪表和电子产品的安全问题，除上述归纳和总结的一些共性的事项外，还有一些关键点也应引起我们的注意。

① 在拉出线路板进行电压等测量时，要注意线路板的放置位置，背面的焊点不要被金属部件短接，可用纸板加以隔离。

② 不可用大容量的熔丝去代替小容量的熔丝。

③ 更换损坏的元件后，不要急于开机验证故障是否排除，应注意检测与故障元件相关的电路和器件，防止存在由于其他故障未排除，在试机时，再次烧坏所替换元件的情况。例如，在电视机电路中发现电源开关管、行输出管损坏，更换新管的同时要注意行输出变压器是否存在故障，可先对行输出变压器进行检测，不能直接发现问题时更换新管后开机，过一会儿关机，用手摸一下开关管、行输出管是否烫手，若温度高，则要进一步检查行输出变压器，否则会再次损坏开关管、行输出管。值得注意的是，不仅仅是行输出变压器故障会再次损坏行输出晶体管等。

（5）仪表设备的使用管理及操作规程

仪表是维修工作中必不可少的设备，在较大的维修站，设备的数量和品种比较多，通常要根据各维修站的特点，制定自己的仪表使用管理及操作规程。每种仪表都应有专人负责保管和维护。使用要有手续，主要是为了保持设备的良好状态，此外还要考虑使用时的安全性（人身安全和设备安全两个方面）。

检测设备通常还要经常进行校正，以保证测量的准确性。每种设备都有安全操作规程和使用说明书。使用设备前应认真阅读使用说明书及注意事项，使用后应有登记，注明时间及工作状态。特殊设备使用前，还应对使用人员进行培训。

1.2.2　家电产品检修过程中的人身安全

现代电子产品特别是彩色电视机等，几乎都是采用开关电源，这一电源电路的特点：有的彩色电视机内部线路板（称为地板）有可能全部带电（220V 火线），有的则部分电路带电（主要是电源电路本身的地线带电）。为保障修理人员的人身安全，修理中一定要做到以下几点，并在修理中要养成这些良好的习惯。

①　要习惯单手操作，即用一只手操作，另一只手不要接触机器中的金属零部件，包括底板、线路板、元器件等。

②　脚下垫绝缘垫。

③　最好采用 1：1 隔离变压器，以使机器与交流市电完全隔离，保证人身、机器和修理仪器的安全。

④　更换元器件之前一定要先断电。

⑤　在拔除高压帽重新装配前，先用螺丝刀把高压嘴对显像管外面的导电敷层进行多次放电，以免因残留高压引起电击。

⑥　拆卸、装配、搬动显像管时，必须戴好不易碎玻璃的护目镜。

⑦　当机器出现一个亮点或一条亮线的故障时，要及时将亮度关小，以防烧坏显像管的荧光屏。

⑧　在使用仪器修理彩色电视机时，最好用隔离变压器，没有时要将仪器外壳接室内保护性地线。

第2章
家电常见电路识图

2.1 电路原理图的特点与识读

2.1.1 整机电路原理图的特点与识读

整机电路原理图是指通过一张电路图纸便可将整个电路产品的结构和原理进行体现的原理图。图 2-1 为变频空调器室内机的整机电路原理图。

整机电路原理图包括整个电子产品所涉及的所有电路，因此可以根据该电路从宏观上了解整个电子产品的信号流程和工作原理，为探究、分析、检测和检修产品提供重要的理论依据。

该类电路图具有以下特点和功能：

① 电路图中包含元器件最多，是比较复杂的一张电路图。

② 表明整个产品的结构、各单元电路的分割范围和相互关系。

③ 电路中详细标出了各元器件的型号、标称值、额定电压、功率等重要参数，为检修和更换元器件提供重要的参考数据。

④ 复杂的整机电路原理图一般通过各种接插件建立关联，识别这些接插的连接关系更容易厘清电子产品各电路板与电路板模块之间的信号传输关系。

⑤ 同类电子产品的整机电路原理图具有一定的相似之处，可通过举一反三的方法练习识图；不同类型产品的整机电路原理图相差很大，若能够真正掌握识图方法，也能够做到"依此类推"。

2.1.2 单元电路原理图的特点与识读

单元电路原理图是电子产品中完成某一个电路功能的最小电路单位。它可以是一个控制电路或某一级的放大电路等，是构成整机电路原理图的基本元素。

单元电路原理图一般只画出与功能相关的部分，省去无关的元器件和连接线、符号等，相比整机电路原理图来说比较简单、清楚，有利于排除外围电路影响，实现有针对性的分析和理解。

例如，图 2-2 为电磁炉电路中直流电源供电电路，为整个电磁炉电路原理图中的一个功能电路单元，可实现将 220V 市电转化为多路直流电压的过程，与其他电路部分的连接处用一个小圆圈代替，可排除其他部分的干扰，从而很容易地对这一个小电路单元进行分析和识读。

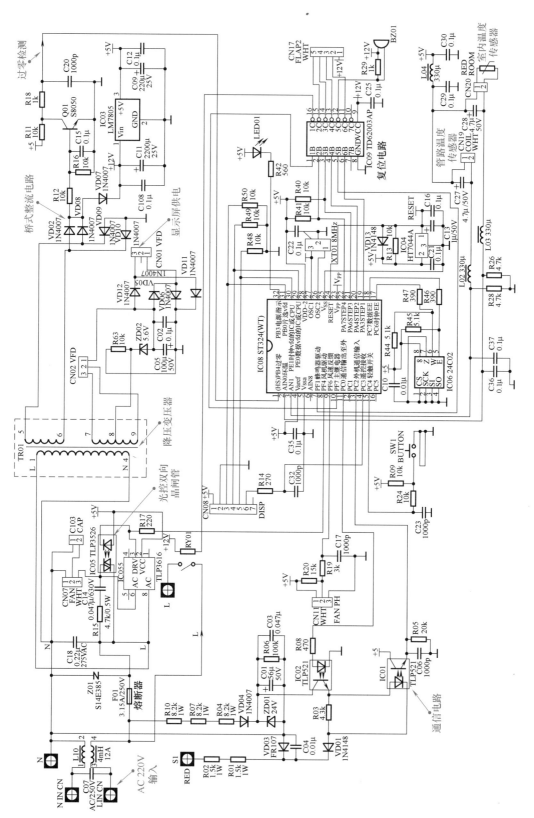

图 2-1 变频空调器室内机整机电路原理图

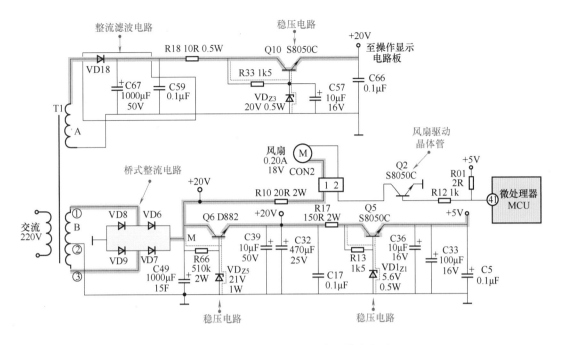

图 2-2　电磁炉电路中直流电源供电电路

图 2-2 中，交流 220V 进入降压变压器 T1 的初级绕组，次级绕组 A 经半波整流滤波电路（整流二极管 VD18、滤波电容 C67、C59）整流滤波，再经 Q10 稳压电路稳压后，为操作显示电路板输出 20V 供电电压。

降压变压器的次级绕组 B 中有 3 个端子。其中，①和③两个端子经桥式整流电路（VD6 ～ VD9）输出直流 20V 电压，在 M 点上分为两路输送：一路经插头 CON2 为散热风扇供电；另一路送给稳压电路，晶体管 Q6 的基极设有稳压二极管 VD$_{Z5}$，经 VD$_{Z5}$ 稳压后，晶体管 Q6 的发射极输出 20V 电压，再经稳压电路后，输出 5V 直流电压。

💡 **提示**

为了更好地反映电子产品的工作原理和信号流程，整机电路原理图一般会根据功能划分成许多单元电路。然后再分别对各个单元电路进行识读就容易多了。

2.2　框图的特点与识读

2.2.1　整机框图的特点与识读

整机电路框图是指用简单的几个方框、文字说明及连接线来表示电子产品的整机电路构成和信号传输关系。图 2-3 为收音机的整机电路框图。

整机电路框图是粗略表达整机电路的框图，可以了解整机电路的组成和各部分单元电路之间的相互关系，并根据带有箭头的连线了解信号在整机各单元电路之间的传输途径及次序

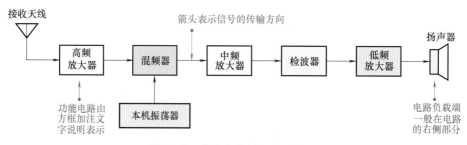

图 2-3 收音机的整机电路框图

等。例如，图 2-3 中，根据箭头指示可以知道，在收音机电路中，由天线接收的信号需先经过高频放大器、混频器、中频放大器后送入检波器，最后才经低频放大器输出，由此可以简单地了解大致的信号处理过程。

> **提示**
>
> 整机电路框图与整机电路原理图相比，一般只包含方框和连线，几乎没有其他符号。框图只是简单地将电路按照功能划分为几个单元，将每个单元画成一个方框，在方框中加上简单的文字说明，并用连线（有时用带箭头的连线）连接说明各个方框之间的关系，体现电路的大致工作原理，可作为识读电路原理图前的索引，先简单了解整机由哪些部分构成，简单理清各部分电路关系，为分析和识读电路原理图理清思路。

2.2.2 功能框图的特点与识读

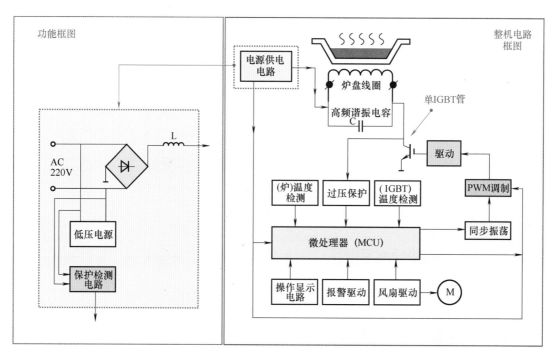

图 2-4 电磁炉的整机电路框图和电源部分的功能框图

　　功能框图是体现电路中某一功能电路部分的框图，相当于将整机电路框图中一个方框的内容进行具体体现的电路，属于整机电路框图下一级的框图，如图 2-4 所示。

　　功能框图比整机电路框图更加详细。通常，一个整机电路框图是由多个功能框图构成的，因此也称其为单元电路框图。

2.3　元件分布图的特点与识读

2.3.1　元件分布图的特点

　　元件分布图是一种直观表示实物电路中元件实际分布情况的图样资料，如图 2-5 所示。

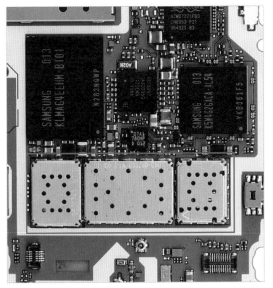
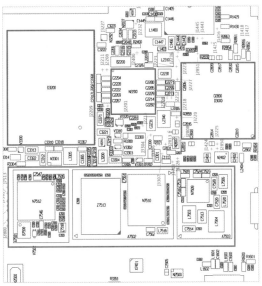

(a) 某品牌手机的实物电路板照片　　　　　　　(b) 某品牌手机的元件分布图

图 2-5　典型电子产品中的元件分布图

　　由图 2-5 可知，元件分布图与实际电路板中的元件分布情况是完全对应的，简洁、清晰地表达了电路板中所有元件的位置关系。

2.3.2　元件分布图的识读

　　元件分布图标明了各个元件在线路板中的实际位置，同时，由于分布图中一般标注了各个元件的标号，对照元件分布图和电路原理图可以很方便地找到各个元件在实物线路板中的具体位置，如图 2-6 所示，因此，元件分布图在维修过程中起着非常重要的作用。

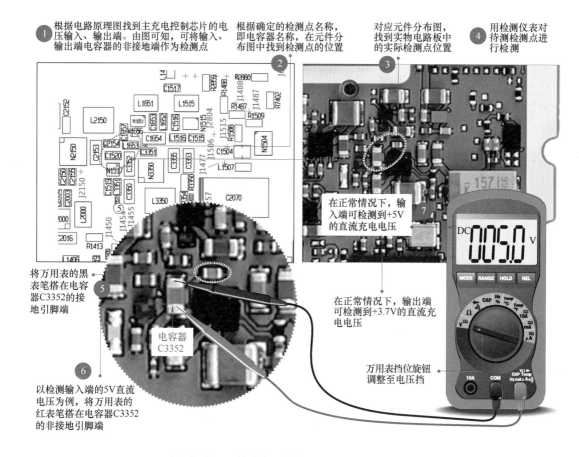

1 根据电路原理图找到主充电控制芯片的电压输入、输出端。由图可知，可将输入、输出端电容器的非接地端作为检测点

2 根据确定的检测点名称，即电容器名称，在元件分布图中找到检测点的位置

3 对应元件分布图，找到实物电路板中的实际检测点位置

4 用检测仪表对待测检测点进行检测

在正常情况下，输入端可检测到+5V的直流充电电压

将万用表的黑表笔搭在电容器C3352的接地引脚端

5

电容器C3352

在正常情况下，输出端可检测到+3.7V的直流充电电压

6 以检测输入端的5V直流电压为例，将万用表的红表笔搭在电容器C3352的非接地引脚端

万用表挡位旋钮调整至电压挡

图2-6 元件分布图在维修过程中的识读应用

2.4 单元电路的识读

2.4.1 电源电路的识图方法与技巧

电源电路是为家用产品各单元电路提供工作电压的电路，该电路的电压以交流电源为主，交流电压在电源电路中被整流、滤波后，输出直流电压，为家用产品中的各部分单元电路提供电压。

在识图时，我们首先要了解电源电路的特点和基本工作流程。接下来，结合具体电路熟悉电路的结构组成。然后，依据电路中重要元器件的功能特点，对整体电路进行电路单元的划分。最后，顺信号流程，通过对各电路单元的分析，完成对电源电路的识读。

典型电磁炉电路中直流电源供电电路见图2-2。

典型具有过压保护功能的直流稳压电源电路见图2-7。

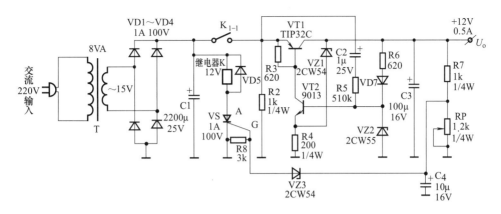

图 2-7　典型具有过压保护功能的直流稳压电源电路

> **提示**
>
> 　　此电源电路的调整管 VT1、放大管 VT2 采用不同类型的晶体管。VT1 用 PNP 管，VT2 用 NPN 管。电阻 R4、R6 和稳压管 VZ1、VZ2 组成稳压管比较电桥用于电压误差的测量，其优点是测量灵敏度高，输出电阻小，可给放大管提供较大的基极电流，有利于提高稳压精度。由 C2、R5 构成的启动电路是此稳压电源电路所特有的，如果没有启动电路，在接通电源后，VT1、VT2 均处于截止状态，无输出电压。
>
> 　　附加的过电压保护电路由电阻 R7、电位器 RP 构成的分压器、抗干扰电容 C4、稳压管 VZ3、电阻 R8、晶闸管 VS 及继电器 K 组成。当输出电压 U_o 因某种故障原因升高到超过 RP 所设定的值时，VZ3 发生击穿，晶闸管 VS 被触发导通，继电器 K 得电动作，其常闭触点 K_{1-1} 断开，保护了用电负载。过压保护具有记忆性，只有切断输入电源，晶闸管才能恢复截止状态。排除过压故障后，才能恢复正常供电。

2.4.2　驱动电路的识图方法与技巧

　　驱动电路通常位于主电路和控制电路之间，主要用来对控制电路的信号进行放大，下面来介绍一下典型驱动电路的识读。

　　在对驱动电路识读时，首先要了解其特点和基本的工作流程。接下来，结合具体电路，熟悉电路的结构组成。然后，依据电路中重要元器件的功能特点，对驱动电路进行识读。

　　典型直流电机稳速控制电路见图 2-8。

> **提示**
>
> 　　图 2-8（a）是磁带录音机中的直流电机驱动电路，它利用 NE555 时基集成电路输出开关脉冲并经 VQ01 晶体管驱动电机旋转。NE555 2 脚为负反馈信号输入端，通过反馈环路实现稳速控制；2 脚外接电位器 VR1，可对速度进行微调。图 2-8（b）是采用速度反馈方式的电机驱动电路，它是在电机上设有测速信号发生器 TG，速度信号经整流滤波后变成直流电压反馈到 NE555 的 2 脚，经 NE555 的检测和比较，再由 3 脚输出可变控制信号，从而达到稳速的目的。

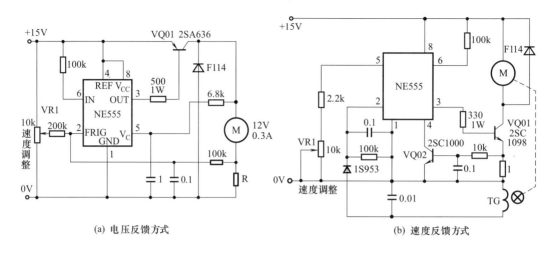

(a) 电压反馈方式　　　　　　　　　　(b) 速度反馈方式

图 2-8　典型直流电机稳速控制电路

2.4.3　控制电路的识图方法与技巧

控制电路是对家用产品各部分进行控制的电路，不同的家用产品，控制电路的控制方式也有所不同，因此在维修家用产品之前，首先要对控制电路进行识读，了解控制电路的控制流程，以便家用产品的检修。

在对该电路进行识读时，应首先了解电路的基本结构，找到电路中的主要元件或部件，再根据主要元件的功能和信号流程，对该电路进行识读。

典型的全自动洗衣机的控制电路见图 2-9。

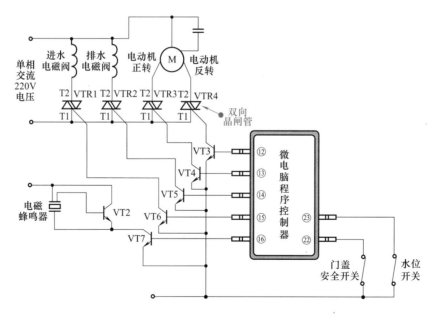

图 2-9　典型的全自动洗衣机的控制电路

　　该控制电路是由 4 个双向晶闸管、6 个驱动晶体管和微电脑程序控制器组成的，当某晶体管基极有高电平时，便导通，相应的晶闸管被触发，被控制的电磁阀动作。当洗衣机开始洗涤时，微电脑程序控制器的水位开关㉓脚连接的水位开关和⑮脚的进水电磁阀配合工作，控制洗涤筒内的注水量。当水位到达预定水位以后，微电脑程序控制器输出控制信号，使控制进水电磁阀的晶体三极管 VT6 截止，停止向洗涤筒内注入水。微电脑程序控制器控制⑫脚或⑬脚的晶体三极管 VT3 或 VT4 导通，使电机正转或反转，开始洗涤衣物。洗涤完成以后，微电脑程序控制器⑫脚或⑬脚的晶体三极管 VT3 或 VT4 截止，使电机停止运转。微电脑程序控制器⑭脚上的晶体三极管 VT5 导通，排水电磁阀开始工作。当排水到最后 1min 时，微电脑程序控制器⑯脚上的晶体三极管 VT7 和 VT2 导通，蜂鸣器开始鸣叫。

2.4.4　检测电路的识图方法与技巧

　　检测电路的应用十分广泛，在很多家用产品中都设有检测电路，其主要功能是对产品中的某一状态进行检测或监控，并根据其检测的结果来进行相关的操作，从而实现对电路的保护、控制及显示等功能。

　　对检测电路识读时，我们首先要从电路的检测部分入手，找到主要的传感器件，了解该传感器的功能及结构特点。然后，依据传感器的功能特点，对电路进行电路单元的划分。最后，顺信号流程，通过对各电路单元的分析，完成对整体线性电源电路的识读。

　　典型物体位移检测电路见图 2-10。

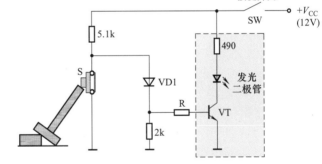

图 2-10　典型物体位移检测电路

　　物体位移检测电路也可用于其他环境的检测。从图 2-10 可见，按键开关接通，有电压（12V）加到发光二极管及其驱动电路上。开关 S 设置在被检测的机构上，在正常状态下，开关 S 接通，晶体管基极处于反向偏置状态而截止，电流直接由开关 S 流走。一旦被测机构有异常情况，便会使开关 S 断开，+12V 电源经电路和二极管 VD1 使三极管满足导通条件，即发射结正偏，集电结反偏。发光二极管处于工作状态，发出报警信号。

　　变频空调器室外温度检测电路见图 2-11。

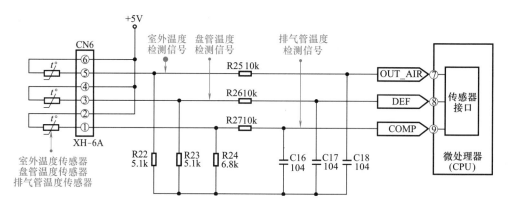

图 2-11 变频空调器室外温度检测电路

> **提示**
>
> 室外机温度检测元件采用热敏电阻，热敏电阻的阻值会随环境温度的变化而变化，微处理器在工作中要不断地检测室外温度、盘管温度和排气管温度，为实施控制提供外部数据。设置在室外机检测部位的热敏电阻通过引线和插头接到控制电路接插件 CN6 上，经 CN6 分别与直流电压 +5V 和接地电阻相连，然后加到微处理器（CPU）的 ⑦、⑧、⑨脚。
>
> 温度变化时，热敏电阻的值会发生变化。热敏电阻与接地电阻构成分压电路，分压点的电压值会发生变化，该电压送到微处理器中，会在接口电路中经 A/D 变换器将模拟电压量变成数字信号，提供给微处理器进行比较判别，以确定对其他部件的控制。

2.4.5 信号处理电路的识图方法与技巧

信号处理电路主要是将信号源发出的信号进行放大、检波等，从而达到家用产品所需的信号。在识读时，我们首先要了解该电路的特点和基本工作流程，然后根据电路中各关键器件的作用、功能特点对电路进行识图。

典型多声道音频信号处理电路图见图 2-12。

> **提示**
>
> 多声道音频信号处理电路是 AV 功放设备中的立体电路，该电路有多个外部音频信号输入接口，可同时输入 CD、VCD、DVD、摄录像机的音频信号（双声道），经音源选择电路选择出 R、L 信号。该信号送到杜比定向逻辑解码电路 M69032P 中，进行环绕声解码处理，解码后有四路（多声道）输出，L_1、R_1 为立体声道信号，S 为环绕声道信号，C 为中置声道输出。S、C 声道的信号经放大后去驱动各自的扬声器，其中 S 声道再分成两路信号去驱动两路扬声器。整体共 5 个声道，可以形成临场感很强的环绕声效果。

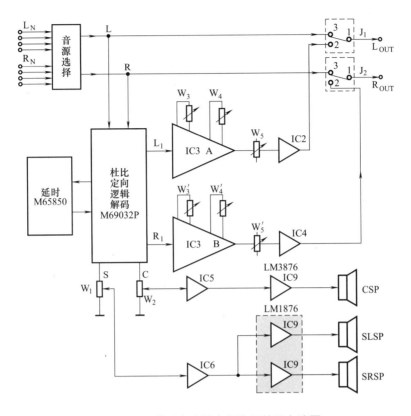

图 2-12　典型多声道音频信号处理电路图

2.4.6　接口电路的识图方法与技巧

接口电路是家用产品中进行数据输入、输出的重要元件，通过它可以实现家用产品之间的数据传输与转换。同时，接口也是家用产品中故障率较高的部位，所以在检修前，首先要了解接口电路的识读方法。

在对接口电路识图时，首先了解该接口的特点，然后根据电路中重要元器件的特点，顺信号流程，对电路进行分析并完成其识读方法。

室外机的温度传感器接口电路见图 2-13。

在室外机的温度传感器接口电路中，微处理器的⑮、⑯、⑰脚外部是温度传感器的信号输入端，三个引脚分别与环境温度、盘管温度和压缩机排气温度传感器连接。温度传感器采用热敏电阻检测温度，热敏电阻与接口电路中的电阻构成分压电路，环境温度、管路温度或压缩机排气温度变化会引起热敏电阻阻值的变化，电阻值的变化会引起分压电路分压点电压的变化，送入微处理器的是电压值。也就是说该温度的变化量由接口电路变成了电压的变化量，在 CPU 中经过了 A/D 变换器和运算处理电路的处理。这些数据成为微处理器控制的依据，如果温度出现异常，微处理器会实施保护，停机。

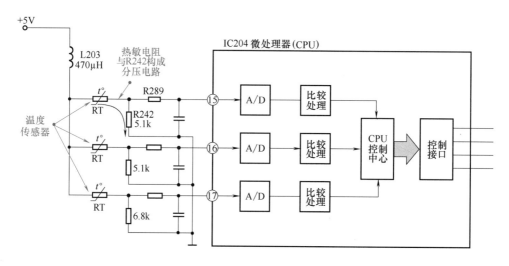

图 2-13 室外机的温度传感器接口电路

第 3 章
家电维修检测工具与仪表的使用

3.1 家电产品常用检测工具和仪表

3.1.1 常用拆装工具

常用的拆卸工具有螺丝刀、钳子、扳手、电钻等几种工具。

螺丝刀的实物外形见图 3-1。常见的螺丝刀分为一字螺丝刀和十字螺丝刀。

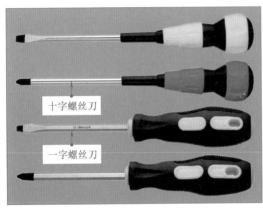
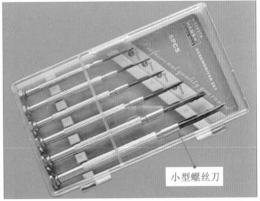

十字螺丝刀

一字螺丝刀

小型螺丝刀

图 3-1 螺丝刀的实物外形

钳子的实物外形见图 3-2。常见的钳子分为偏口钳和尖嘴钳。偏口钳主要用来夹断导线或损坏的元器件引脚，有些元器件更换后引脚很长，就可使用偏口钳将其掐断。

尖嘴钳主要用来夹持主电路板上拆卸下来的元器件，有些元器件由于导热性强，容易将手指烫伤。

扳手的实物外形见图 3-3。常见的扳手分为力矩扳手、梅花扳手、活扳手、呆扳手。力矩扳手、梅花扳手和呆扳手的钳口尺寸是固定的，而活扳手可以调整钳口的大小。

3.1.2 常用焊接工具

常用的焊接工具如电烙铁、吸锡器、热风焊台的实物外形见图 3-4。

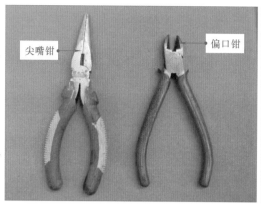
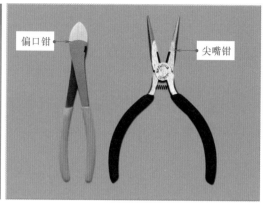

图 3-2　钳子的实物外形

家电维修常用
焊接工具

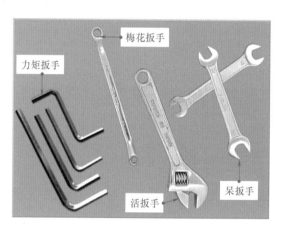

图 3-3　扳手的实物外形

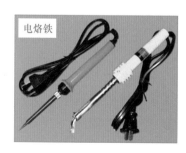
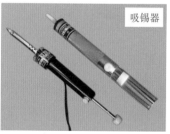
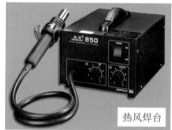

图 3-4　常用的焊接工具实物外形

电烙铁是用于拆装插接式元器件的工具，吸锡器是吸取拆卸元器件时多余的焊锡，热风焊台是用于拆装贴片式元器件的工具。

 提示

在焊接元器件时，还会用到一些辅助工具，其实物外形见图3-5。

图 3-5　辅助工具的实物外形

焊锡丝的作用是在熔化时将两种相同或不同的被焊金属连接到一起。

焊膏和松香属于助焊剂，其辅助功能强，可以起到防止热金属再氧化，辅助热传导，去除被焊金属表面氧化物与杂质，增强焊料与金属表面的活性，提高焊料浸润能力等作用。

镊子用来夹取焊接时的元器件。

3.1.3　常用清洁工具

常用的清洁工具如防静电清洁刷、吹气皮囊、酒精、棉签的实物外形见图 3-6。

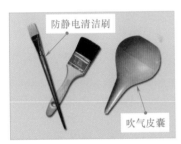

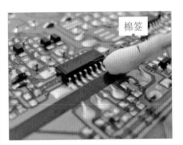

图 3-6　常用的清洁工具实物外形

> **提示**
>
> 防静电清洁刷应考虑清洁刷的柔韧性，便于对电路板进行清洁。
>
> 吹气皮囊主要用于对电路板不利于用清洁刷进行清洁的部位进行灰尘清理，以确保维修过程中有一个干净的环境。
>
> 棉签蘸取酒精对焊接操作后残留的松香等助焊剂进行清洁。

3.1.4　常用检测仪表

如图 3-7 所示，万用表和示波器是家电维修中最常用的检测仪表。

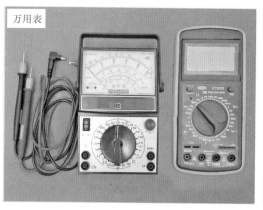
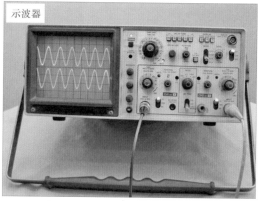

图 3-7　常用检测仪表万用表、示波器实物外形

提示

　　万用表是一种多功能、多量程的便携式仪表，是电子、电气产品维修过程中不可缺少的检测仪表，主要分为模拟式万用表和数字式万用表两种。

　　示波器是一种用来展示和观测电信号的电子仪器，可以观测和直接测量信号电压的大小和周期，在电工电子设备的检测过程中非常重要。

3.2　家电产品常用检测仪表的使用方法

3.2.1　万用表的使用方法

指针万用表的
键钮分布

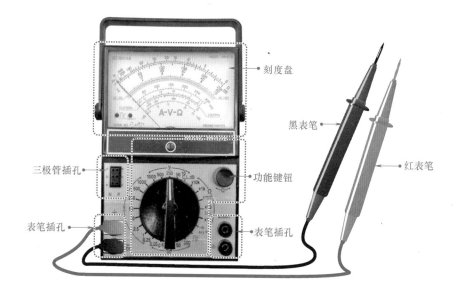

图 3-8　典型模拟式万用表的结构

万用表的规格种类不同，其使用方法也不相同，下面分别以模拟式万用表和数字式万用表为例，介绍其使用方法。

（1）模拟式万用表的使用方法

典型模拟式万用表的结构见图 3-8。

模拟式万用表主要包括刻度盘、晶体三极管插孔、表笔插孔、功能键钮、红表笔、黑表笔。

使用万用表前，观察万用表的指针不在零刻度位置上，则需进行机械调零，使指针指向零位。模拟式万用表机械调零具体操作见图 3-9。

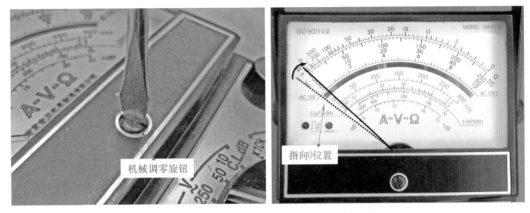

图 3-9　模拟式万用表机械调零具体操作

在家电维修过程中，常借助万用表的电压、电流及电阻等测量功能实现对电路板或元器件的检测。

图 3-10 为使用万用表检测电路板上的供电电压。可以看到，将万用表调整到相应的电压测量挡位，红、黑表笔分别搭接在电路板上的测试点处，即可实现对电压的测量操作。

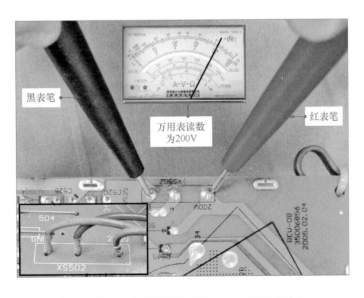

图 3-10　使用万用表检测电路板上的供电电压

图 3-11 为使用万用表的电阻测量功能检测家电产品中的元器件。

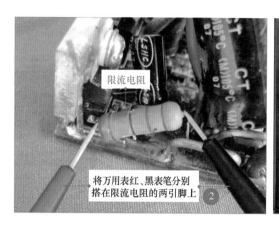

限流电阻

将万用表红、黑表笔分别搭在限流电阻的两引脚上 ②

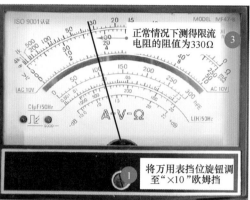

正常情况下测得限流电阻的阻值为330Ω ③

将万用表挡位旋钮调至"×10"欧姆挡 ①

图 3-11 使用万用表的电阻测量功能检测家电产品中的元器件

在使用模拟式万用表检测阻值时，为确保测量准确，在每次调整量程测量前，都需要进行零欧姆校正。零欧姆校正具体操作见图3-12。

短接表笔

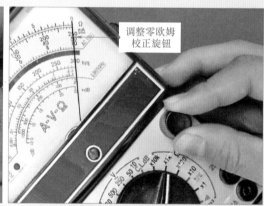

调整零欧姆校正旋钮

图 3-12 零欧姆校正具体操作

指针万用表的零欧姆校正方法

将万用表两表笔短接，调整零欧姆校正旋钮，使指针指向0Ω。进行零欧姆校正后，即可使用万用表对元器件进行检测。

（2）数字式万用表的使用方法

典型数字式万用表的结构见图3-13。

数字式万用表主要包括液晶显示屏、功能键钮、表笔插孔、红表笔、黑表笔、附加测试器。

在使用上，数字式万用表与模拟式万用表类似。将测量表笔插接到数字式万用表相应的表笔插孔中，然后按下数字式万用表的电源开关，便可以使用了。图 3-14 为数字式万用表测量表笔的连接方法。

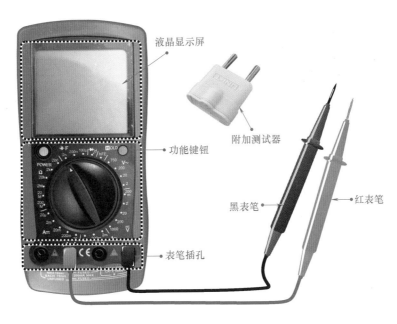

液晶显示屏

附加测试器

功能键钮

黑表笔

红表笔

表笔插孔

图 3-13 典型数字式万用表的结构

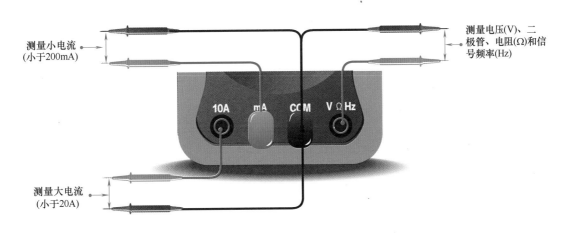

测量小电流
(小于200mA)

测量电压(V)、二极管、电阻(Ω)和信号频率(Hz)

10A   mA   COM   V Ω Hz

测量大电流
(小于20A)

图 3-14 数字式万用表测量表笔的连接方法

除常规测量功能外，数字式万用表都附带一个附加测试器。该测试器可实现对电容量、电感值、温度及三极管放大倍数等测量的功能。使用时，将附加测试器按照极性插入数字式万用表相应表笔插孔中，然后即可开启附加测试功能。图 3-15 为数字式万用表附加测试器的安装使用。

用于检测电容量、电感值及温度，检测时，按标识对应插入引脚

用于检测不同类型的三极管。检测时，需按标识对应插入相应引脚

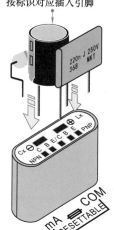

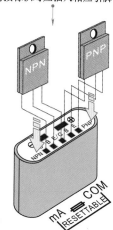

图 3-15 数字式万用表附加测试器的安装使用

3.2.2 示波器的使用方法

（1）模拟示波器的使用方法

典型模拟示波器的结构见图 3-16。

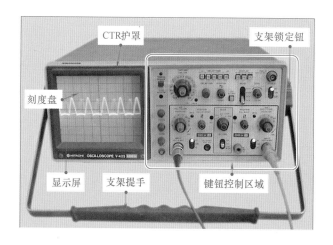

图 3-16 典型模拟示波器的结构

模拟示波器主要包括刻度盘、显示屏、CTR 护罩、支架提手、支架锁定钮、键钮控制区域。

模拟示波器的使用可以分为使用前的准备工作和使用方法。

① 模拟示波器使用前的准备工作　示波器探头的连接见图 3-17。这里选择 CH2 通道进行探头表笔连接，将探头插入 CH2 通道后，顺时针旋转即可。

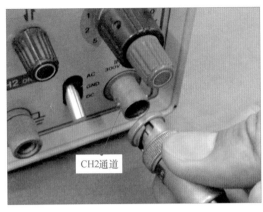 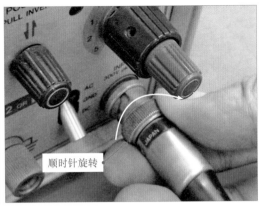

图 3-17　示波器探头的连接

　　探头连接后，可能需要进行探头的校正。探头校正方法见图 3-18。用一字螺丝刀调整探头校正端，同时观察示波器的显示屏的变化，直到显示波形正常为止。

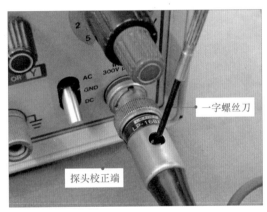 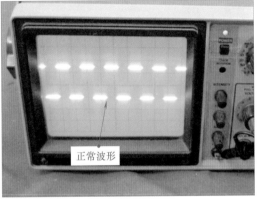

图 3-18　探头校正方法

　　模拟示波器使用前的准备工作完成后，就可以使用示波器进行检测了。

　　② 模拟示波器的使用　示波器使用前的准备工作和使用前的调整完成以后，就可以进行信号波形的测量了，具体的操作步骤如下。

　　检测信号发生器前准备工作的具体操作见图 3-19。

　　将模拟示波器的接地夹接地，探头接高频调幅信号输出端。

　　观察示波器的波形，可通过调整扫描时间和水平轴微调旋钮和亮度调节旋钮，使波形变清晰。调整旋钮的具体操作见图 3-20。

　　调整旋钮后，波形清晰，但发现波形不同步（跳跃闪烁），可调节微调触发电平旋钮，使波形稳定。调整微调触发电平旋钮见图 3-21。

　　（2）数字示波器的使用方法

　　典型数字示波器的结构见图 3-22。

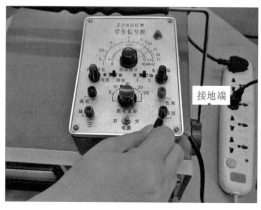
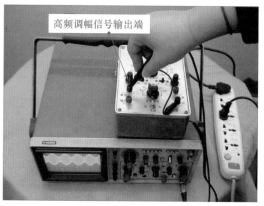

图 3-19　检测信号发生器前准备工作

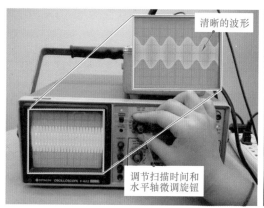
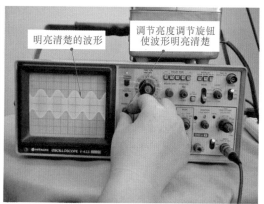

图 3-20　调整旋钮的具体操作

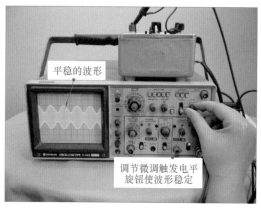
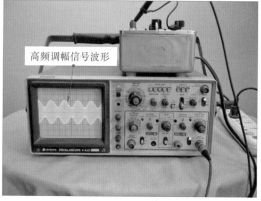

图 3-21　调整微调触发电平旋钮

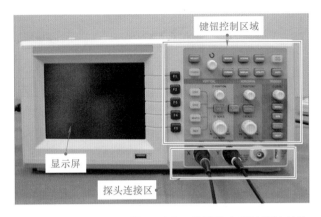

数字示波器
的结构特点

图 3-22　典型数字示波器的结构

数字示波器主要包括显示屏、键钮控制区域、探头连接区。

数字示波器的使用可以分为使用前的准备工作和使用方法。

① 数字示波器使用前的准备工作　示波器探头的连接见图 3-23。

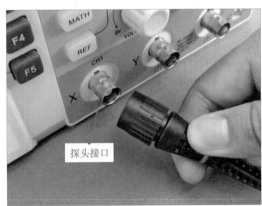 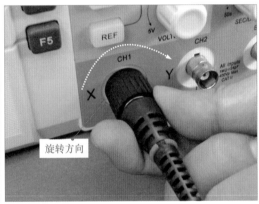

图 3-23　示波器探头的连接

> 💡 **提示**
>
> 　　示波器探头接口采用了旋紧锁扣式设计，插接时，将示波器测试线的接头座对应插入到探头接口，正确插入后，顺时针旋动接头座，即可将其旋紧在接口上（这里以 CH1 通道的探头连接为例），此时就可以使用该通道进行测试了。CH2 通道的探头连接与 CH1 通道的探头连接相同。

连接示波器探头后要对示波器探头进行校正。示波器接地夹和探头连接见图 3-24。

> 💡 **提示**
>
> 　　示波器的接地夹接地，探头与校正信号输出端连接，用手向下压探头帽，即可将探钩钩在校正信号输出端，进行探头的校正。

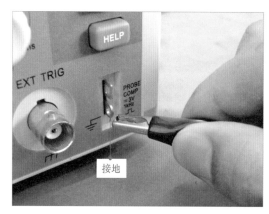
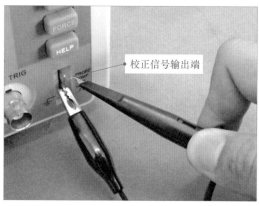

图 3-24　示波器接地夹和探头连接

探头连接校正信号输出端后，示波器可能出现两种波形不正常的情况，要对波形进行校正。补偿不足和补偿过度的两种情况见图 3-25。

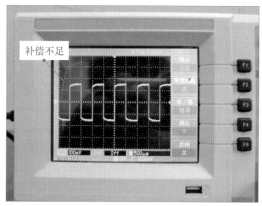
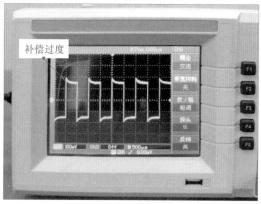

图 3-25　补偿不足和补偿过度的两种情况

连接好探头后，示波器的显示屏上显示当前所测的波形，与模拟示波器相同，若出现补偿不足或补偿过度情况时，需要对探头进行校正操作。示波器探头校正见图 3-26。

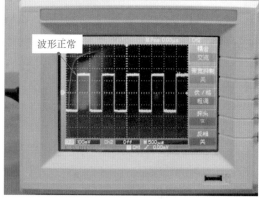

图 3-26　示波器探头的校正

用一字螺丝刀微调探头上的调整钮，直到示波器的显示屏显示正常的波形。

数字示波器使用前的准备工作完成后，就可以使用示波器进行检测了。

② 数字示波器的使用方法 示波器使用前的准备工作和使用前的调整完成以后，就可以进行信号波形的测量了，以数字示波器检测影碟机输出的视频信号为例，具体操作步骤如下。

将待测的影碟机中放入测试光盘，下面就可以进行探头连接，见图3-27。

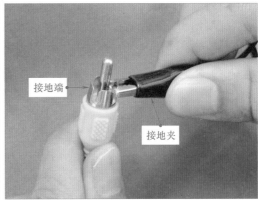

图 3-27 放入测试光盘和进行接地夹连接

提示

进行连接的前提是将传输线与 DVD 机正确连接，黄色传输线表示视频信号，红色传输线表示音频信号。将测试光盘放入 DVD 机的光盘区，并将示波器接地夹接地。

接地夹接地后，即可以连接示波器的探头。示波器的探头与视频传输线连接见图3-28。

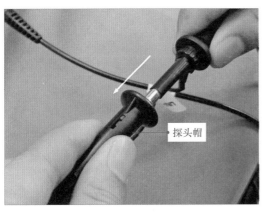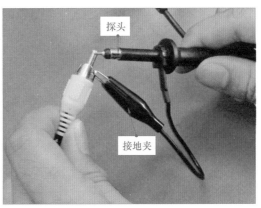

图 3-28 示波器的探头与视频传输线连接

将示波器探头上的探头帽取下，即向外拔出探头帽，使探头与探头帽分离。

将探头与影碟机视频信号输出端进行连接。探头连接完成后即可观察示波器的显示屏。观察示波器的显示屏见图3-29。

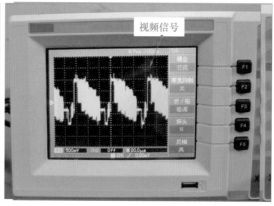

图 3-29 观察示波器的显示屏

💡 提示

示波器的显示屏显示的波形为动态波形，此时按下示波器功能区中的屏幕捕捉按键，这样就可以清晰地观察到示波器显示的视频信号。

音频信号与视频信号的测试方法一致。

第4章
家电常用部件的检测与代换

电源部件的检测与代换

电源部件主要作用是将交流电压转换成电子产品工作所需的直流电压。大多数电子产品都采用 220V 交流市电作为电源。

220V 交流市电进入电子产品后首先要经过电源部件，对送入的交流市电进行整流、滤波、变压等一系列电路处理。然后输出电子产品各电路工作所需的直流电压，为电子产品各电路正常运行提供工作条件。因此可以看出，电源部件是电子产品中非常重要且必不可少的组成部分。

4.1.1 电源部件的结构和功能

典型显示器开关电源电路中的主要部件见图 4-1。

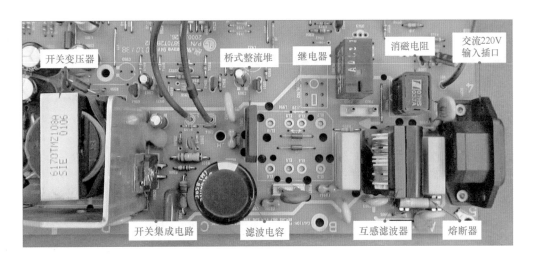

图 4-1 开关电源电路的基本构成

 提示

在典型显示器开关电源电路中，主要有熔断器、互感滤波器、桥式整流堆（桥式整流电路）、滤波电容器、开关变压器、开关振荡集成电路、开关场效应晶体管或开关晶体管、光电耦合器、滤波电容和整流二极管、电源管理芯片等元器件。

熔断器又称熔断电阻，是一种安装在电源电路中保证电路安全运行的电气元件。在电路出现过载时，电流迅速升高，这时熔断器会因电流过大而熔断，起到保护电路的作用。

互感滤波器是由两组线圈对称绕制而成的，其作用是清除外电路的干扰脉冲进入电子产品中，同时使电子产品内的脉冲信号不会对其外部电子设备造成干扰。

桥式整流堆内部集成了四个二极管，其作用是将交流电压整流后，输出直流电压。

滤波电容主要是对直流电压进行滤波，将桥式整流堆整流后的脉动直流电压滤波成平滑的直流电压。

开关变压器的主要作用是将高频高压脉冲变成多组高频低压脉冲。

光电耦合器是将开关电源输出电压的误差反馈到开关集成电路上，其内部由发光二极管和三极管集成。

4.1.2　电源部件的检测与代换方法

电源部件出现故障往往会导致其他部件工作不正常，甚至整个电子产品不工作。这时就需要对电源部件中的各主要元器件进行检测和代换。

（1）熔断器的检测与代换方法

电路中有过载或短路时，电路电流过大，进而烧坏熔断器。检测熔断器的好坏，可通过观察法先查看熔断器是否有熔断的现象，也可用万用表检测。

熔断器的具体检测方法见图4-2。

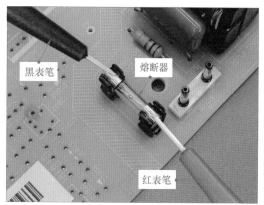

图4-2　万用表检测熔断器

正常情况下，其阻值接近0Ω；若检测的熔断器阻值为无穷大，则该熔断器断路，需更换。更换时，可直接更换性能完好、电流值相同的熔断器。

（2）互感滤波器的检测与代换方法

在电源电路中，220V交流电压先经过熔断器，再经过互感滤波器，由电感和电容对高频信号进行滤波，然后送到桥式整流堆中。因此互感滤波器有故障会引起整机不工作。

互感滤波器的具体检测方法见图4-3。检测时，可将红、黑表笔分别连接滤波电容的各引脚，检测其电阻。

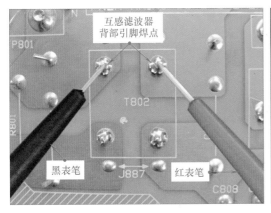

图 4-3　万用表检测互感滤波器

正常情况下，测得其阻值为 0Ω，表明此互感滤波器正常；若检测的阻值为无穷大，则互感滤波器断路。若检测的互感滤波器损坏，可用电烙铁将其拆解更换。

互感滤波器的代换方法见图4-4。

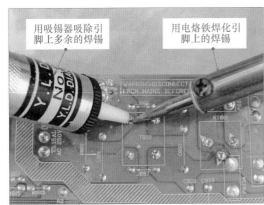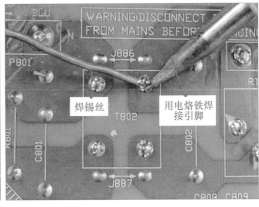

图 4-4　电烙铁拆解互感滤波器

用电烙铁将互感滤波器引脚处的焊锡熔化，同时可用吸锡器吸除引脚处的焊锡，待焊锡熔化和清除后，取出互感滤波器。然后将性能完好的滤波电感插入焊孔中，用电烙铁焊接。

（3）桥式整流堆的检测与代换方法

桥式整流堆的作用是将 220V 交流电整流后输出 300V 直流电，若损坏，则会使电源电路无直流电压输出。对桥式整流堆的检测，可在断电情况下检测其引脚的阻值或在通电情况下测其电压。

检测桥式整流堆输出的 300V 直流电压见图4-5。

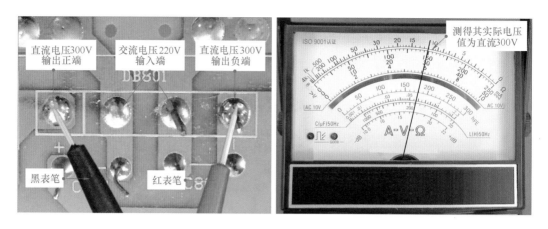

图4-5 检测桥式整流堆 300V 直流输出电压

检测桥式整流堆输入的 220V 交流电压见图 4-6。

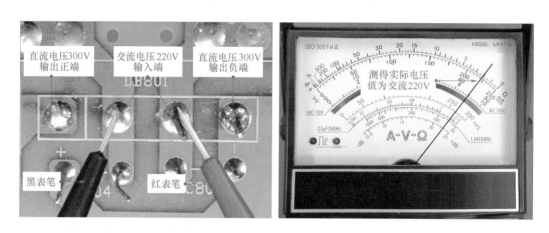

图4-6 检测桥式整流堆 220V 交流输入电压

若输入端电压正常，而无输出，则桥式整流堆损坏。损坏时，可用电烙铁拆解。

提示

在断电情况下，判断桥式整流堆好坏，可通过检测其电阻的方法进行判断。检测时，将万用表一支表笔接任意的直流输出端，另一支表笔接任意的交流输入端，然后再对调表笔，根据桥式整流堆的内部结构原理可知，此时相当于接在一个二极管的两端。正常时，测量结果应为一个是无穷大，一个为有一定读数（二极管特性：正向导通，反向截止）。

（4）滤波电容的检测与代换方法

滤波电容损坏，也会引起电源电路不能正常工作。检测滤波电容是否损坏可用万用表检测，在通电状态下，检测的电压为 300V，则滤波电容正常。

滤波电容电压的检测方法见图 4-7。

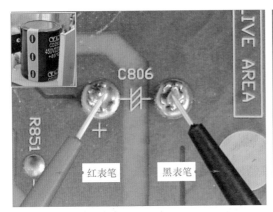

图 4-7　检测滤波电容电压值

将万用表调整为直流电压挡，红表笔连接正极，黑表笔连接负极。

若测得电容两端电压为 0V，则表明 220V 交流输入部分不正常，这时需要检查滤波电容是否损坏，可在不通电的情况下，用万用表进行检测。将红表笔连接正极，黑表笔连接负极，经检测此电容电阻值大约为 100Ω。

若检测的阻值为 0Ω，则该电容短路；若检测的阻值为无穷大，则该电容断路。更换损坏的电容时同样可用电烙铁将其拆解下来，然后将性能完好的电容焊接在电路上。

（5）开关变压器的检测与代换方法

开关变压器是否正常工作，可用示波器探头靠近开关变压器的磁芯，由于变压器输出的脉冲电压很高，所以通过绝缘层就可以感应到行脉冲信号，若电源电路工作正常，就能感应到波形。开关变压器的检测方法见图 4-8。最简便的方法是使用示波器靠近开关变压器，若检测有感应脉冲信号，说明开关变压器没有问题。

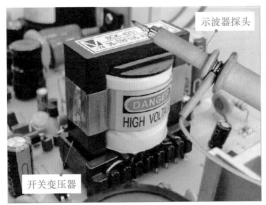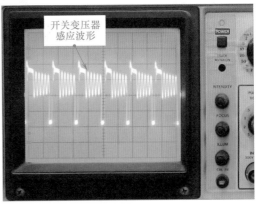

图 4-8　检测开关变压器感应波形

（6）光电耦合器的检测与代换方法

判断光电耦合器的好坏，可以在断电情况下用万用表测量其引脚之间的阻值。

检测光电耦合器①、②脚的阻值见图 4-9。

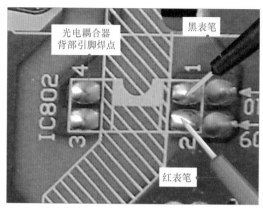

图 4-9　检测光电耦合器①脚和②脚的阻值

经检测，测得光电耦合器正向阻值大约为 1.6kΩ，对换表笔检测①脚和②脚的反向阻值大约为 1.6kΩ。接下来检测③脚和④脚的阻值。

检测光电耦合器③、④脚的阻值见图 4-10。

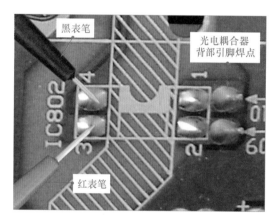

图 4-10　检测光电耦合器③脚和④脚的阻值

在正常情况下，测得③脚和④脚的正向阻值约为 2.2kΩ，然后对换表笔，再测量③脚和④脚间的反向阻值是 7.9kΩ。

若在测量过程中其阻值有异常，则可能是光电耦合器损坏，需更换该器件。

4.2　遥控部件的检测与代换

遥控部件最常用的就是红外遥控，它是一种无线、非接触控制技术，具有抗干扰能力强、信息传输可靠、功耗低、成本低、易实现等显著优点，已广泛应用于电视机、空调机、音响系统及其他各种家用电器和电子设备中，并越来越多地应用到计算机系统中。

4.2.1　遥控部件的结构和功能

遥控部件主要由遥控发射部件和遥控接收部件两部分构成。

（1）遥控发射部件

遥控发射部件也称为遥控器，它是一个以微处理器为核心的编码控制电路，它所编制的串行数据信号是通过红外线二极管发射出去并完成人机交互的。用户在使用时，通过遥控器将人工指令信号发送给信号接收电路，以控制电器产品运转。空调遥控器中的主要部件见图 4-11。

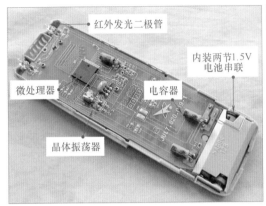
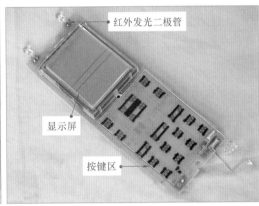

图 4-11　空调遥控器中的主要部件

遥控器主要是由微处理器、晶体振荡器、按键、红外发光二极管、电池以及外围的电容器、晶体管等部件组成的。

微处理器可以对各种控制信息进行编码，然后将编码的信号调制到载波上，通过红外发光二极管把红外光发射至红外接收电路中，红外接收电路将接收到的光信号变成电信号，并进行放大、滤波、整形，然后变成控制信号，该信号送往室内机的微处理器中，经处理后输出各种控制指令，完成对空调器的控制。

微处理器工作时需要时钟振荡信号，而时钟振荡信号又是由微处理器内部的振荡电路和外接的晶体共同产生的。

遥控部件中的微处理器在工作时受人工指令的控制，人工指令就是由安装在前面板上的操作按键产生的。当按下任意一个操作按键时，便有键控信号送给微处理器，通过微处理器内部的编码和调制，产生驱动信号，然后经过晶体管的放大后去驱动红外发光二极管，将信号发射出去。

红外发光二极管是遥控部件中不可缺少的一种器件，红外线是不可见的，在电子技术中用红外发光二极管来产生红外线。

（2）遥控接收部件

遥控接收部件主要是用来接收由遥控发射部件送来的控制信号的器件，在遥控接收部件中设有一个红外光敏二极管，它接收红外光信号，并将光信号变成电信号，再进行放大、滤波和调制整形，将控制信号提取出来，然后送到数字解码芯片中的微处理器中，由微处理器对其他部位进行控制。图 4-12 为空调遥控接收器中的主要部件。

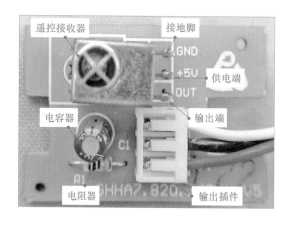
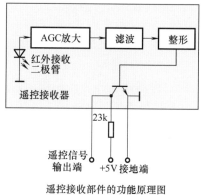

遥控接收部件的功能原理图

图 4-12　空调遥控接收器中的主要部件

遥控接收器有三个输出引脚，其中有一个引脚为控制信号输出端，另一个为 +5V 供电端，还有一个作为接地引脚。当遥控器发出红外光遥控信号后，遥控接收器中的光电二极管将接收到的红外脉冲信号（光信号）转变为控制信号（电信号），再经 AGC 放大（自动增益控制）、滤波和整形后，将控制信号传输给微处理器。

4.2.2　遥控部件的检测和代换方法

若遥控部件出现失控或控制不灵的情况，需要对遥控部件里面常用的元器件等进行检测和代换。

（1）红外发光二极管的检测与代换方法

红外发光二极管属于晶体二极管的一种，对于它的好坏，可用万用表测量开路状态下引脚间正反向阻值的方法来判断。

红外发光二极管的正向阻值检测方法见图 4-13。首先将万用表设置成欧姆挡，将万用表的红表笔搭在红外发光二极管负极引脚上，黑表笔搭在正极引脚上。

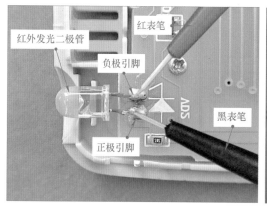

图 4-13　检测红外发光二极管的正向阻值

之后，调换表笔，检测红外发光二极管的反向阻值。若红外发光二极管的正向为固定的电阻值，而反向阻值趋于无穷大，则可判断二极管良好；若正向阻值和反向阻值均趋于无穷大，则二极管可能存在开路故障；若正向阻值和反向阻值都很小或趋于零，则二极管可能已经被击穿。若红外发光二极管损坏，可用同等型号进行代换。

（2）晶体振荡器的检测与代换方法

判断晶体振荡器的好坏，可在路时检测晶体振荡器输出的晶振信号。正常时，将示波器的探头接触晶体两侧的引脚时，会有晶振信号输出。晶体振荡器的检测方法见图 4-14。

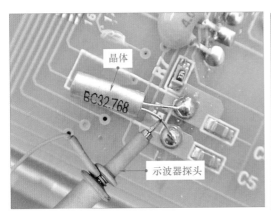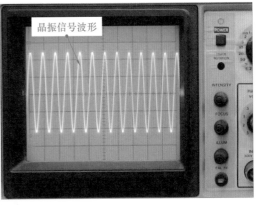

图 4-14　检测晶体振荡器的信号波形

若测量时，无晶振波形的输出或输出不正常，则可能是晶体已经损坏。

此时，可用同等型号且性能良好的晶体进行代换。代换后，若还无晶振信号输出，则可能是振荡电路已经损坏，代换即可。

遥控接收器的检测

（3）遥控接收器的检测与代换方法

对于遥控接收器，可检测其输出的信号波形来直接判断它的好坏。遥控接收器输出的信号波形的检测方法见图 4-15。

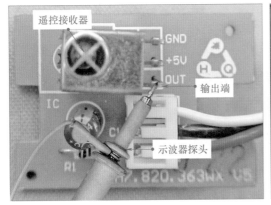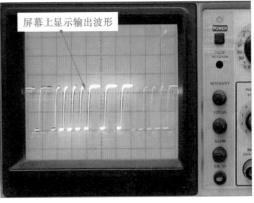

图 4-15　检测遥控接收器输出波形

若输出信号不正常，则需要继续检测 +5V 供电电压是否正常。若电压正常，而输出波形不正常或不能正常遥控，则可能是遥控接收器损坏，用同等型号代换即可。拆卸时，需用电烙铁和吸锡器进行配合，将引脚拆下即可；焊接时，选择同型号且性能良好的遥控接收器，将其焊接入电路板的焊点即可。

4.3 显示部件的检测与代换

显示部件是指能够显示各种电子产品工作状态的器件，是实现人机交互不可缺少的一种部件。

4.3.1 显示部件的结构和功能

显示部件主要是由显示屏和相应的驱动电路组成的。如图 4-16 所示，常见的显示部件有数码管显示屏、CRT（显像管）显示屏、LCD（液晶）显示屏以及 LED（发光二极管）显示屏。

数码管是一种半导体发光器件，其基本单元是发光二极管。其按段数分为七段数码管和八段数码管，八段数码管比七段数码管多一个发光二极管单元（多一个小数点显示 DP）；按发光二极管单元连接方式分为共阳极数码管和共阴极数码管。

CRT 显示屏也是比较常见的一种显示设备，经常用于彩色电视机和显示器中，作为显示器件，它使用显像管作为显像器件。为了使显像管能够正常地工作，显像管尾部的电子枪在电子线路的控制下发射出三束电子光，三束电子光分别对应荧光屏上的 R、G、B 三色荧光粉。

LCD 显示屏具有体积小、重量轻、耗电少，清晰度也越来越高等优点，是目前应用比较广泛的一种显示器件。一个液晶显示屏有几百万个像素单元，每个像素单元都是由 R、G、B 三个不同颜色的小单元构成的。

LED 即发光二极管，是一种半导体固体发光器件，它利用固体半导体芯片作为发光材料，当两端加上正向电压，半导体中的载流子发生复合引起光子发射而产生光。LED 可以直接发出红、黄、蓝、绿、青、橙、紫、白色的光。

4.3.2 显示部件的检测和代换方法

显示部件若出现故障，则会造成屏幕无法正常显示图像，这时就需要对显示部件里面的元件或电路进行检测与代换，下面以 12864 型图形点阵型 LCD 显示模块为例，来介绍显示部件的检测与代换方法。

12864 型图形点阵型模块的实物外形见图 4-17。

对于液晶显示模块的检测，可以分别检测其引脚的供电电压、背光灯电压及关键脚的数据信号波形。

（1）电压的检测方法

若图形点阵型 LCD 显示模块显示不正常或出现故障，可首先检测其②脚的 +5V 供电电源是否正常。

12864 型图形点阵型模块②脚供电电压的检测方法见图 4-18。

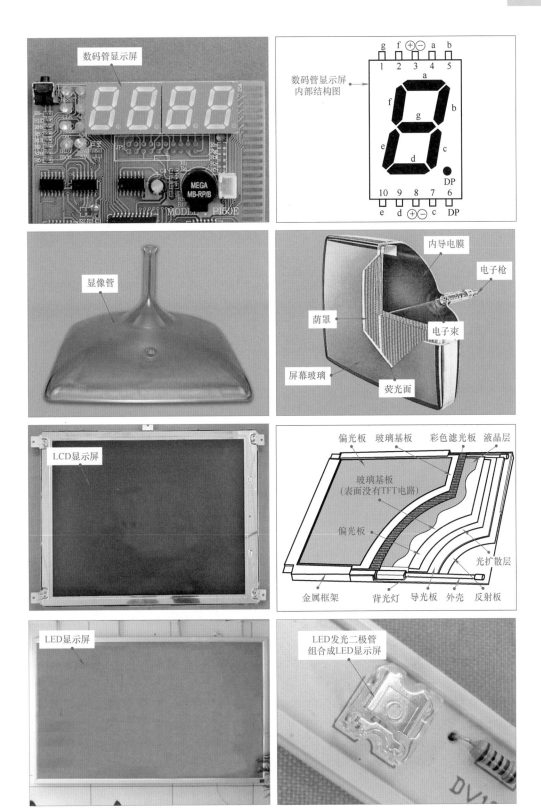

图 4-16 各种显示部件的实物外形及内部结构

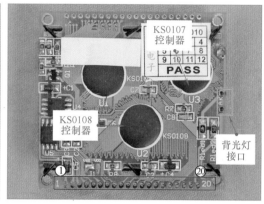

图4-17　12864型图形点阵型模块的实物外形

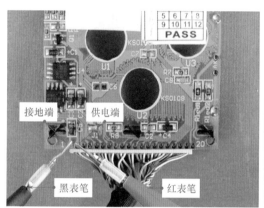

图4-18　检测12864型图形点阵型LCD显示模块的供电电压

若能检测到+5V供电电压，说明供电电路是正常的。

（2）信号波形的检测方法

若LCD显示模块的供电正常，可继续检测由MCU送来的数据信号是否正常，其中，该模块的⑰脚为复位信号输入端，在开机时，会有一个低电平的信号送入；⑦～⑭脚为数据信号端。

12864型图形点阵型LCD显示模块⑰脚复位信号和⑦～⑭脚数据信号波形见图4-19。

（3）背光灯的检测方法

背光灯也是LCD显示模块的一个重要器件，该显示模块的背光灯采用LED（发光二极管）。测量时，可首先检测+5V供电电压。

12864型图形点阵型LCD显示模块背光灯+5V供电电压的检测方法见图4-20。

若LED背光灯的供电正常，则可通过检测LED正极（A）和负极（K）间的正、反向阻值来确定它的好坏。

12864型图形点阵型LCD显示模块背光灯正向阻值的检测方法见图4-21。检测时，可将万用表调至电阻挡，用红表笔接负极（K）端，用黑表笔接正极（A）端。

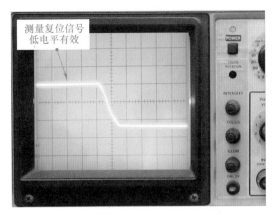
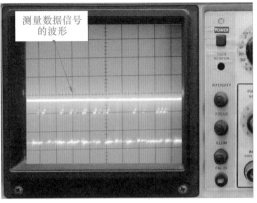

图 4-19　12864 型图形点阵型 LCD 显示模块复位和数据信号波形

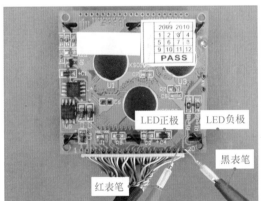

图 4-20　检测 12864 型图形点阵型 LCD 显示模块背光灯的供电电压

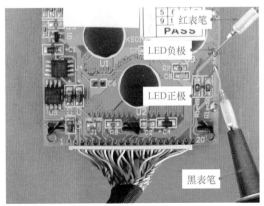

图 4-21　检测 LED 背光灯的正向阻值

正常情况下，其正向阻值为无穷大。若测得的阻值趋于零，则表明 LED 已经短路。

测量完毕后对调表笔，将黑表笔接负极（K）端，用红表笔接正极（A）端，可以检测到 6kΩ 左右的反向阻值。若测得的阻值趋于无穷大，则表明 LED 内部已经开路损坏。

提示

有些大型的液晶显示屏具有自己独特的背光灯电路，例如液晶电视机或显示器的背光灯，则需要使用逆变器电路为其进行供电，若怀疑背光灯出现故障，可利用替换法进行检测，即利用同型号、同规格及无故障的背光灯对怀疑的元件进行替换，若发现更换后故障排除，表明该背光灯出现故障。

4.4 调谐组件的检测与代换

由 LC 元件构成的电路具有选频功能，它是调谐器组件中的重要电路。在收音机、电视机、手机和通信设备中都有调谐器电路。

4.4.1 调谐组件的结构和功能

调谐组件主要是由可变电容器、变容二极管、调谐线圈组成，其作用是放大天线接收的微弱信号，进行选频等功能。典型调谐组件的实物外形见图 4-22。

① 可变电容器

a. 微调电容器又叫半可调电容器，主要用于调谐电路中，通过微调电容的值使电路的谐振频率实现微调。

b. 单联可变电容器的内部只有一个可调电容器，旋转旋柄可以调节单联可变电容器的电容量，常用于直放式收音机电路中，可作为调谐器件来选取电台信号。

c. 双联可变电容器是由两个可变电容器组合而成的，在两组谐振电路中的两个电容可以进行同步调整。一般用于超外差式的中波、短波收音机电路中，其中的一个联作为调谐链，另一个联作为振荡链。

d. 四联可变电容器的内部包含有四个可变电容器，它可以同步调整四个谐振电路中的四个可变电容，使高频放大器和本机振荡器的谐振频率同步变化。

② 变容二极管　变容二极管是利用 PN 结的电容随外加偏压而变化这一特性制成的非线性半导体元件，在电路中起电容器的作用，通过施加电压就可以改变其电容量，从而可以实现电调谐方式。电调谐方式还可以进一步实现自动调谐方式。

③ 微调电感　微调电感就是可以调整电感量的电感，外部一般设有屏蔽外壳，磁芯上设有条形槽以便调整。

④ 磁棒线圈　磁棒线圈的基本结构是在磁棒上绕制线圈，这样会大大增加线圈的电感量。在收音机中常被用来制成天线谐振线圈。

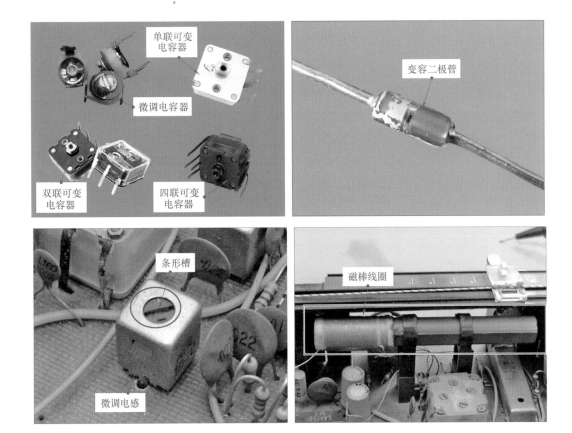

图 4-22　典型调谐组件的实物外形

4.4.2　调谐组件的检测和代换方法

调谐组件损坏会引起电子产品不能接收电台、有杂音、收音无声等故障。下面以收音机为例,讲解调谐组件的检测与代换。

（1）可变电容器的检测与代换方法

对于可变电容器的检测,首先可以用手轻轻缓慢转动可变电容器的转轴,转轴与动片之间应有一定的黏合性,不应有松脱或转动不灵的情况。也可采用万用表检测可变电容器的好坏,主要是检测动片之间有无接触短路情况。下面以四联固体介质可变电容器为例进行检测。

检测可变电容器动片与定片之间是否有碰片短路情况见图 4-23。将万用表黑表笔接在可变电容器的定片引脚上,红表笔连接到动片上,来回旋转可变电容器的旋柄。

指针指向无穷大为正常。若检测时,旋转到某处指针摆动或为 0Ω,则可变电容器有短路现象（动片与定片之间接触）,则需更换。

（2）调谐线圈的检测与代换方法

微调电感的检测方法见图 4-24。

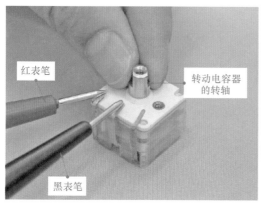

图4-23　检测可变电容器动片与定片之间是否有碰片短路情况

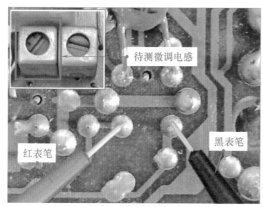

图4-24　万用表检测微调电感

调谐线圈在收音机或收录机中，特别是和可变电容器组成的调谐电路中的线圈电感量有较精确的数值。

若检测时，测得微调电感的阻值为无穷大，则电感内部断路；若检测的阻值为0Ω，则电感内部短路。若检测的电感损坏，用电烙铁和吸锡器将其拆解下来，然后将性能完好的电感插入焊孔中并用电烙铁焊接。

提示

调谐线圈通常与其外接的并联电容器组成谐振电路，微调磁芯可以微调谐振频率，如果磁芯破碎或线圈损坏都会使调整失常，并联的电容器也有可能损坏或脱焊，如果调整失灵也应检测电容器。

4.5　电动及传动组件的检测与代换

机械传动组件也是电子产品中最常用的组件之一，它是为电子产品提供机械动力的组件，将电能转换成机械动力，如影碟机、录像机、摄像机等设备，在进行光盘或磁带装卸时都需要机械传动组件进行传动控制。

4.5.1　电动及传动组件的结构和功能

影碟机选盘机械传动组件结构见图 4-25。

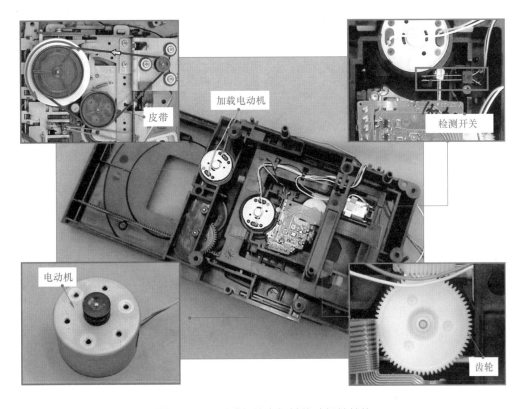

皮带

加载电动机

检测开关

电动机

齿轮

图 4-25　影碟机选盘机械传动组件结构

机械传动组件是由电动机、齿轮、皮带、检测开关等关键部分组成的。

电动机是机械组件中为电子产品提供动力的器件之一，它由电源提供工作电压，使转轴转动，带动电子产品工作。

机械组件中，齿轮也是为电子产品提供动力的器件之一。当电动机工作时，通过转轴带动与齿轮相连接的皮带，进而带动齿轮旋转，为电子产品提供动力。

皮带主要是连接电动机与齿轮，当电动机工作时，通过皮带来带动齿轮旋转，进而使电子产品正常工作。

检测开关主要是用于为微处理器提供各种工作状态（如开始、停止）的信息，这些信息都是微处理器进一步下达指令的依据。当 VCD 机的激光头到达光盘内圆目录信号位置时检测开关动作，此开关信号送回控制电路中，进给动作立刻停止并进行光盘搜索。

4.5.2 电动及传动组件的检测和代换方法

机械传动组件有故障会导致无法传送，使电子产品不能正常地工作。

（1）电动机的检测与代换方法

对于机械传动组件来说，电动机是重点检测部件，电动机损坏会引起整个传动组件工作失常。

电动机的检测方法见图4-26。对电动机的检测，通常可通过电动机绕组之间的阻值进行判断。

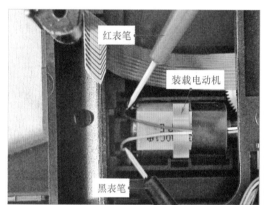

图 4-26 使用万用表检测电动机阻值

检测电动机绕组阻值为12Ω，正常。若测得的阻值趋于无穷大或为0Ω，则表明电动机的绕组有断路或短路的故障，可使用相同型号的激光头进给电动机对其进行更换。

（2）传动组件的检测与代换方法

传动组件主要是由齿轮和传动带构成。对于齿轮的检查，重点要检测齿轮之间的缝隙是否过大、齿轮是否有损坏等情况。若齿轮损坏，需要进行更换。对于传动带的检查则应对皮带的弹性和磨损程度进行检查。若出现皮带断裂、老化，应用同规格更换。

4.6 音响组件的检测与代换

音响组件广泛用于收录机、影碟机、组合音响、数字音频处理器、家庭影院等电子产品中。随着数字技术的飞速发展，音响产品的质量得到了很大的提高，特别是大规模信号处理芯片和智能控制芯片的开发，以及高新技术器件的使用，使音响产品性能有很大的提高，音响设备逐渐成为家庭娱乐系统中的主要组成部分。

4.6.1 音响组件的结构和功能

所谓音响组件是指用电子设备来播放出音乐（音乐磁带、CD 唱片等）、讲话等声音信号的设备。从硬件上来看，组合音响组件主要包括音频输入、音频信号处理和放大以及音频输出等设备。

音响组件的基本结构见图 4-27。

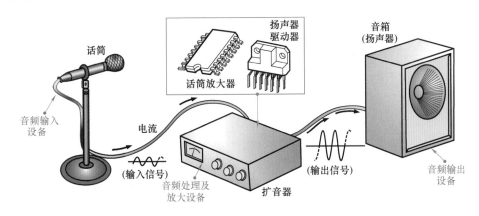

图 4-27　音响组件的基本结构

在音响组件中，常用的器件有话筒和话筒放大器、扬声器（音箱、耳机等）和扬声器驱动器等。

话筒又称为传声器，是一种电声器材，是声电转换的换能器，通过声波作用到电声元件上产生电压，再转为电能，用于各种扩音设备中。话筒种类繁多，电路比较简单，只需相应的话筒放大器和供电便可发出声音。

由话筒输入的声音信号通过话筒放大器进行放大才能被处理和传输，话筒放大器多应用于影碟机的卡拉 OK 电路中。

扬声器又称喇叭，是一种十分常用的电声换能器件，在音响产品中都能见到扬声器，对于音响的效果来说，它是一个最重要的器件。

在各种音响产品的扬声器中，都离不开推动扬声器的扬声器驱动器，音频信号需要放大到足够的功率后才能驱动扬声器（音箱）发声。

4.6.2　音响组件的检测和代换方法

若音响系统中输出的音频信号不正常，则需要对音响组件进行检测和代换。

（1）话筒的检测和代换方法

话筒和话筒放大器是音响组件中的音频输入设备，若出现不能发声的现象，则无法使音频处理和输出设备得到音源，也就无法正常发出声音，这时就需要对话筒和话筒放大器进行检测与代换。话筒的检测方法见图 4-28。

通常，可通过检测话筒自身阻值来判断其性能好坏。若测得的阻值与标称值相等或相近，则表明话筒正常；若所测得的阻值与标称值相差太大，则表明话筒已损坏。

提示

在检测时，把万用表的表笔接到话筒的两个电极时，实际上就构成了一个回路，万用表里面的电源就成了话筒的供电端。此时，对着话筒吹气，万用表的指针会有一个摆动的现象；若无摆动，则说明话筒可能损坏。若话筒损坏，则需对其进行代换。

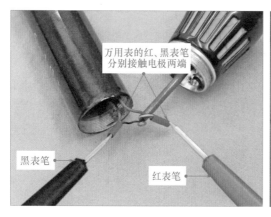

图 4-28 检测话筒电极间的阻值

（2）话筒放大器的检测与代换方法

判断话筒放大器的好坏，可检测其输入/输出的音频信号波形以及供电电压是否正常，下面我们以 TL084 型话筒放大器为例来讲其具体的检测与代换方法。话筒放大器 TL084 的④脚为 +8.5V 供电电压输入端，⑩脚和⑦脚为音频信号输入/输出端。

检测话筒放大器 TL084 的④脚为 +8.5V 供电电压见图 4-29。

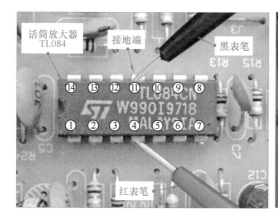

图 4-29 检测话筒放大器 TL084 的④脚为 +8.5 V 供电电压

若供电正常，可继续检测话筒放大器 TL084 ⑩脚和⑦脚的输入/输出音频信号波形。

话筒放大器 TL084 ⑩脚和⑦脚的输入/输出音频信号波形见图 4-30。

若供电及输入信号均正常，而话筒放大器 TL084 ⑦脚无输出信号时，表明该芯片已损坏，可用同型号的芯片对其进行更换。

（3）扬声器的检测与代换方法

扬声器和扬声器驱动器是音响组件中的输出设备，若扬声器或扬声器驱动器出现故障，即使输入设备正常，也无法正常发出声音，此时就需要对扬声器和扬声器驱动器进行检测与代换。

扬声器的检测方法见图 4-31。对其性能好坏进行判断时，可检测其两电极之间的阻值。

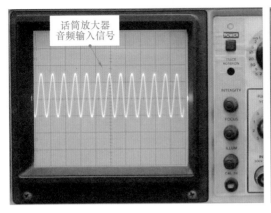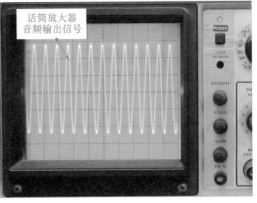

图 4-30　话筒放大器 TL084 ⑩脚和⑦脚的输入 / 输出音频信号波形

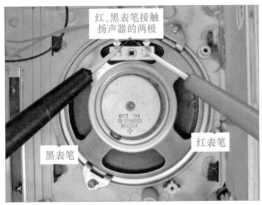

图 4-31　检测扬声器两极之间的阻值

经检测，该扬声器的阻值为 4Ω。若检测的实际阻值和标称值相差不大，则表明扬声器是正常的；若测得的阻值为零或者无穷大，则说明扬声器已损坏。若扬声器损坏，需要用同型号且性能良好的扬声器进行代换。

提示

在检测时，若扬声器的性能良好，当用万用表的两支表笔接触扬声器的电极时，扬声器会发出"咔咔"的声音。若扬声器损坏，则没有声音发出。

5

第 5 章
家电实用电路的检测

5.1　电源电路的检测

在实际应用中，电源电路的形式多种多样，常见的电源电路主要有：整流电路、滤波电路、稳压电路以及开关电源电路。由于结构组成不同，其原理、功能也各不相同，因此，对不同类型实用变换电路的检测方法也存在差异。

5.1.1　整流电路的检测

整流电路是一种将交流电变换成直流电的电路。由于半导体二极管具有单向导电性，因此可以利用二极管组成整流电路。二极管是整流电路中的关键元件，整流后的电流为脉动直流。

图 5-1 为交流 220V 输入的整流电路的检测方法。

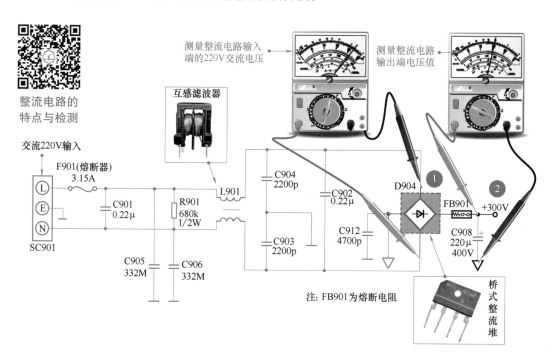

图 5-1　交流 220V 输入的整流电路的检测方法

　　这是一个典型的交流 220V 输入的整流电路。交流 220V 电压通过插件 SC901 输入到电路后，经滤波电容 C901、互感滤波器 L901、滤波电容 C902 滤波后，送入桥式整流堆 D904 中，经 D904 整流后输出约 300V 的直流电压，即在滤波电容 C908 上应有约 300V 的直流电压，这个直流电压加到开关振荡电路。检测时：

　　① 检测该整流电路的交流电压输入端，该电压是由 220V 经滤波电路后得到的，当电路达到工作状态，用万用表即可检测到约 220V 的交流电压值；

　　② 检测整流电路的输出端，当该电路工作良好，用万用表即可检测到约 300V 的直流电压值。

5.1.2　滤波电路的检测

　　图 5-2 为小型直流电源中滤波电路的检测方法。

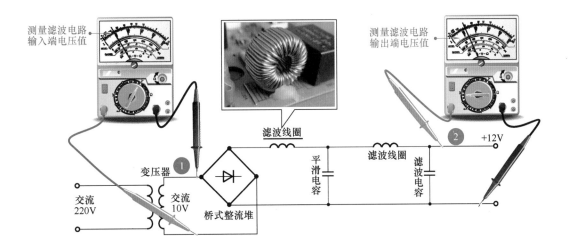

图 5-2　小型直流电源中滤波电路的检测方法

　　这是一个小型直流电源中的滤波电路。由交流 220V 输入，经变压器和桥式整流堆整流后输出的脉动直流电压再经滤波线圈和滤波电容后输出比较平稳的 +12V 直流电压。电路中的线圈实际上就是一个电感元件，它的主要作用是用来阻止直流电压中的交流分量。检测时：

　　① 检测降压变压器输出的交流电压，当电路达到工作状态，用万用表即可检测到约 10V 的交流电压值；

　　② 检测整流滤波后的直流电压，当该电路工作良好，用万用表即可检测到约 12V 稳定的直流电压值。

5.1.3　稳压电路的检测

以集成稳压电路为例。如图 5-3 所示，这是一种集成稳压电路，交流 220V 电压经降压变压器降压后输出一个较低的交流电压，再经二极管 VD 整流后变为约 13.5V 的直流电压，该电压经稳压集成电路 U1（7805）稳压后，输出约 5V 直流电压为后级电路供电。

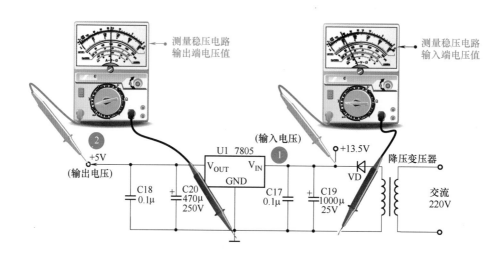

图 5-3　集成稳压电路的检测方法

> **提示**
>
> 检测时：
> ① 首先检测稳压集成电路的输入端，当电路达到工作状态，用万用表即可检测到一个约 13.5V 的直流电压值；
> ② 检测稳压集成电路的输出端，当该电路工作良好，用万用表即可检测到约 5V 的直流电压值。

5.1.4　开关电源电路的检测

图 5-4 为典型数字卫星接收机中开关电源电路的检测方法。这是一种典型数字卫星接收机（金泰克 KT-D8320F 型）中的开关电源电路。该电路中，交流 220V 电压先经交流输入电路、桥式整流及滤波电路，得到 +300V 左右的直流电压，为开关电源电路供电。+300V 左右的直流电压，一路通过开关变压器 T_1 的①～④绕组，加到 IC1（5M0380R）的②脚（即 5M0380R 内部的场效应开关管漏极）；另一路则通过启动电阻 R2 降压后，加到 IC1 的③脚（5M0380R 的供电脚），为 IC1 提供启动电压。当 C7 两端电压充至 13V 左右时，IC1 内部的振荡电路开始工作，并输出额定占空比的 PWM 信号去驱动 IC1 内部的功率开关管工作在开关状态。这时，T_1 的①～④绕组便有高频脉冲电流流过。其次级绕组也会产生高频感应脉冲电压，其中③～⑤绕组产生的高频脉冲电压经 VD2 整流、R3 限流、C7 滤波后，得到 +18V

左右的直流电压，该电压被称为正反馈电压，直接送到 IC1 的③脚，为 IC1 的内部电路提供正常工作所需电压，使电源电路能够正常、稳定地工作下去。另外，变压器的其他 4 组次级绕组输出 +3.3V、+5V、+21V、+33V 和 +12V 为后级电路提供电源。

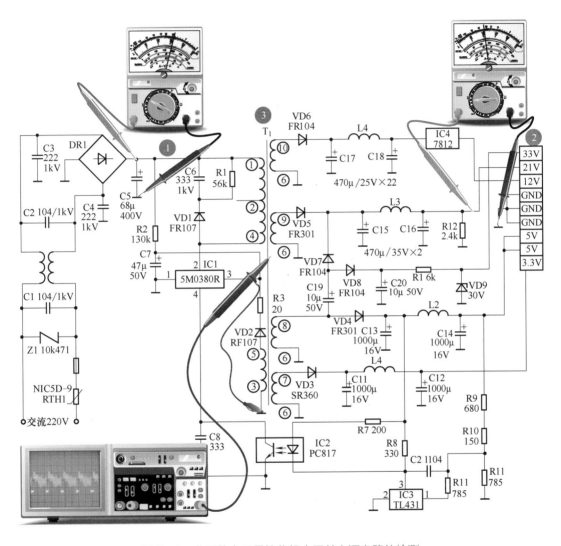

图 5-4　典型数字卫星接收机中开关电源电路的检测

> **提示**
>
> 检测时：
> ① 先检测桥式整流堆整流后的电压，当将该电路接入市电 220V，并按下开机键后，用万用表即可检测到一个约 300V 的直流电压值；
> ② 再检测开关电源电路中最终直流电压输出端，当该电路达到工作状态，用万用表即可检测到 5 组直流电压值，如图中测得数值为 21V；
> ③ 也可用示波器探头靠近开关变压器铁芯部分，若该电路工作良好，用示波器即

可检测明显的脉冲信号波形。

开关电源电路的检测是进行电子产品调试和检修中应用最为广泛的一项技能，通常情况下判断一个开关电源电路是否工作，可首先检查其输出端的电压值，若输出端电压与图纸资料参考电压基本相同，则表明该开关电源工作良好；若输出端无电压，则可顺电路的信号流程逐级向前检测，电压消失的地方即为重要的故障线索和部位。

除此之外，该类电路中开关振荡集成电路的启动电压也是重要的检测项目。

5.2　实用变换电路的检测

在实际应用中，实用变换电路的形式多种多样，常见的实用变换电路主要有电压-电流变换电路、电流-电压变换电路、光-电变换电路、交流-直流变换电路、A/D 和 D/A 变换电路等。由于结构组成不同，其原理、功能也各不相同，因此，对不同类型实用变换电路的检测方法也存在差异。

5.2.1　电压-电流变换电路的检测

电压-电流变换电路就是将电压变换成电流的电路，一般用于电压检测和指示电路中。

图 5-5 为电池充电器电路中电压-电流变换电路的检测方法。这是一种简易的单电池和多电池充电器电路，市电 220V 经过变压器 T 变成交流 12V 后由桥式整流电路 VD1 ～ VD4 进行整流。再经电容 C 滤波、电阻 R3 限流后由三极管 VT 输出充电电流。滤波电容 C 仅用于平滑滤波，限流电阻 R3 用于限流保护三极管 VT，并为 LED2 提供工作电压。三极管 VT

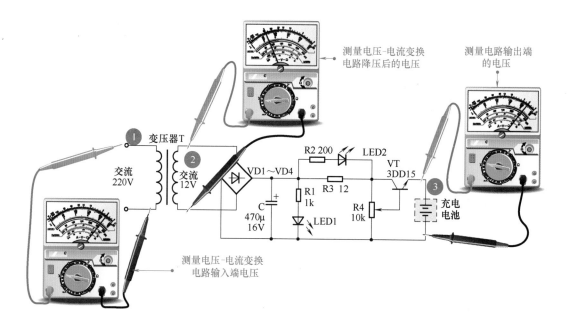

图 5-5　电池充电器电路中电压-电流变换电路的检测方法

和电阻 R4 组成调压电路，通过调整输出电压来适应对不同数量电池进行充电的需要，并控制充电电流。LED1 为电源指示灯，LED2 为充电指示灯，R1、R2 分别是指示灯的限流电阻。

提示

检测时：

① 首先检测充电器的交流输入端，当该电路接入市电后，用万用表即可检测到220V 交流电压；

② 然后检测变压器降压后的交流输出端，当电路处于工作状态，用万用表即可检测到约为 12V 交流电压；

③ 最后检测充电电路的输出端，即充电电池连接端，当该充电电路工作良好，用万用表即可检测到输出的 3V 左右的直流充电电压。

检测该电路时，可以检测充电电池两端的充电电压（大于 3V），也可以将万用表串入充电电路，检测充电电流。正常情况下，该充电电池两端的电流最大可达 1.2A 左右，然后逐渐减小。

典型电池充电器电路中充电电流的检测见图 5-6。

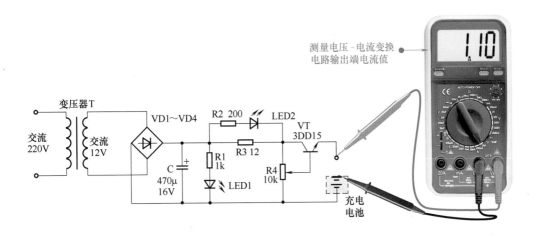

图 5-6　典型电池充电器电路中充电电流的检测

首先将充电电池一端的连接线断开，将万用表量程选择直流 20A 电流挡（根据检测范围，这里选用数字式万用表），红表笔搭在断开的线路端，黑表笔与电池一端连接，即与充电电池形成串联连接方式，即可对其充电电流进行检测。

5.2.2　电流 - 电压变换电路的检测

电流 - 电压变换电路简单来说就是将电流变换成电压的电路，一般用于信号转换电路、检测电路以及相关的设备电路中。

典型变频空调器中电流 - 电压变换电路的检测见图 5-7。

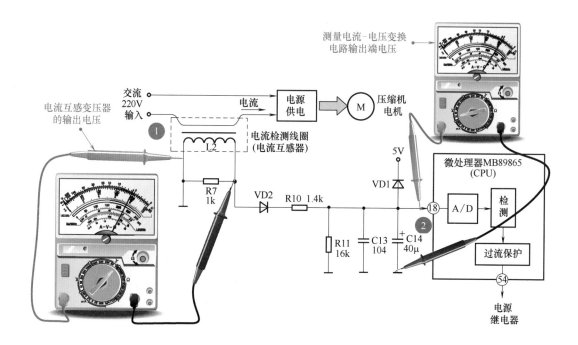

图 5-7 典型变频空调器中电流－电压变换电路的检测

> ☀ 提示

　　这是一个变频空调器中的电流检测电路，当交流 220V 电源为压缩机供电时，电流互感器 L2 感应出电压信号，然后经 VD2 整流、R10 和 R11 分压以及 C13 滤波之后，输入到 MB89865 的⑱脚。电流互感器和整流二极管 VD2 将压缩机的耗电电流转换成直流电压送到 CPU 的⑱脚，在 CPU 中进行 A/D 变换和检测，如电压升高，会进行保护。二极管 VD1 作为钳位二极管，当 VD2 的输出电压高过 5V 时，VD1 将直流电压钳位在 5V。

　　检测时：

　　① 首先检测电流互感变压器的输出电压，当电路达到工作状态时，用万用表即可检测到变压器次级输出的交流电压；

　　② 然后检测整流滤波后的直流电压，当电路工作状态良好时，用万用表即可检测到一个直流电压值，一般该值不大于 5V。

5.2.3　交流－直流变换电路的检测

　　交流-直流变换电路是指采用整流二极管、集成电路等元器件将交流电变为直流电的电路，主要用于电源、检测及保护等电路中。

　　图 5-8 为电源适配器中交流-直流变换电路的检测。

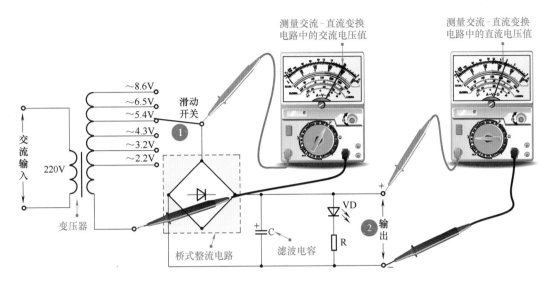

图 5-8　电源适配器中交流－直流变换电路的检测

💡 **提示**

　　这是一个常见的电子产品的电源适配器电路，交流 220V 电压经变压器后，由变压器的次级绕组输出降压后的多种交流低压，此时拨动开关可以选择输出的电压挡位，变压后的交流电压经桥式整流电路和滤波电路后形成直流电压输出。检测时：

　　① 首先检测变压器的次级输出电压，当该电路达到工作状态时，将滑动开关拨动到不同的挡位，用万用表即可检测到相应挡位的交流电压值；

　　② 然后检测整流滤波后的直流电压，当该电路工作良好时，用万用表即可检测到输出的直流电压值。一般根据后级不同电路或设备的需要，可通过调整滑动开关的位置来得到不同数值的直流电压值。

5.2.4　光－电变换电路的检测

　　光-电变换电路主要是利用发光器件或光敏器件将光能转变为电信号或电能的电路，它主要应用在一些光电控制、变换和传输的电路中。

　　图 5-9 为光控开关中光-电变换电路的检测。

💡 **提示**

　　这是一个由光敏电阻器等元器件构成的光控开关电路。当光照强度下降到光敏电阻器的设定值时，光敏电阻器 R 的阻值升高使 VT1 导通，VT2 的集电极电流使继电器 K 线圈得电，其常开触点闭合，常闭触点断开，从而实现对外电路的控制。检测时：

　　① 检测光-电变换电路中的光敏电阻器，它是该电路中的核心元器件，其阻值随光照强度的变化而变化，一般情况下，当光照强度增强时，光敏电阻器的阻值会明显地

减小；当光照强度减弱时，其阻值会显著增大。因此当该电路达到工作状态时，用万用表即可检测到一个随光照强度变化而变化的电阻值。

② 检测光 - 电变换电路中的体现光能转换为电能的关键部位，当该电路工作良好时，用万用表即可检测到一个直流电压值。

③ 检测光 - 电变换电路中的输出部分，当该电路工作良好时，用万用表即可检测到一个用于驱动继电器线圈得电的直流电流值。

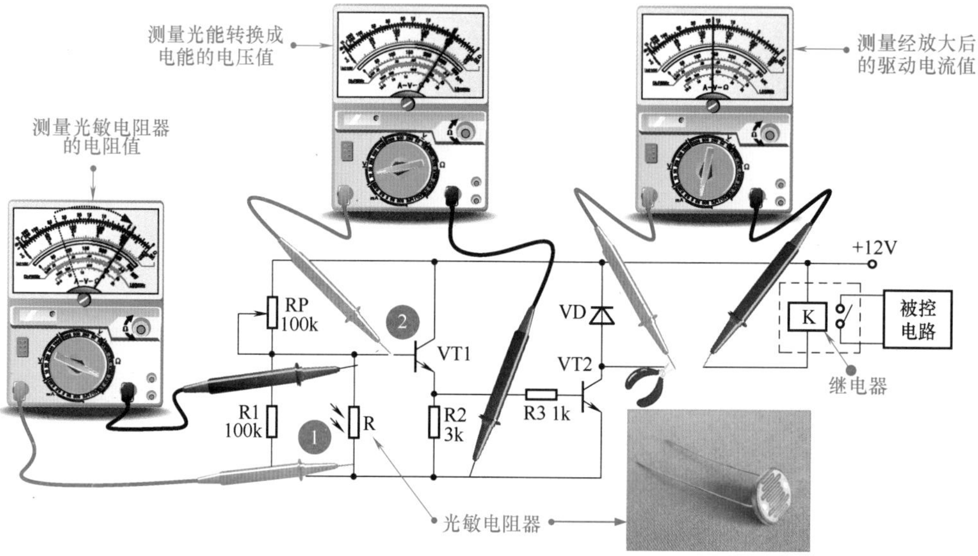

图 5-9　光控开关中光 - 电变换电路的检测

5.2.5　A/D 和 D/A 变换电路的检测

A/D 变换电路是指将模拟信号转变为数字信号的电路，通常称为 A/D 变换器；D/A 变换电路是将数字信号转换为模拟信号的电路。A/D 变换电路和 D/A 变换电路主要用于各种数码音响产品等采用数字信号处理的电路中。

（1）液晶电视机中 A/D 变换电路的检测

液晶电视机中 A/D 变换电路的检测见图 5-10。

A/D 变换电路的特点与检测

提示

这是一款液晶电视机中的 A/D 变换电路，该电路可将 VGA 接口输入的模拟 R、G、B 视频信号进行变换，变为数字视频信号后送入后级电路进行处理。该电路中三路模拟 R、G、B 视频信号分别由 A/D 转换器 AD9883 的 54 脚、48 脚和 43 脚输入，经内部电路进行钳位、放大以及 A/D 转换等处理后，由输出引脚输出三路 24 位的数字视频信号，送往后级电路中进行处理。检测时：

　　①～③检测点为该 A/D 变换电路的模拟信号输入端，当电路达到工作状态，用示波器分别检测模拟 R、G、B 信号的输入引脚，即可测得上述三个模拟信号波形；

　　④～⑥检测点为该 A/D 变换电路的数字信号输出端，当电路工作良好，用示波器分别检测三处的数字信号输出端引脚，即可测得上述三个数字信号波形。

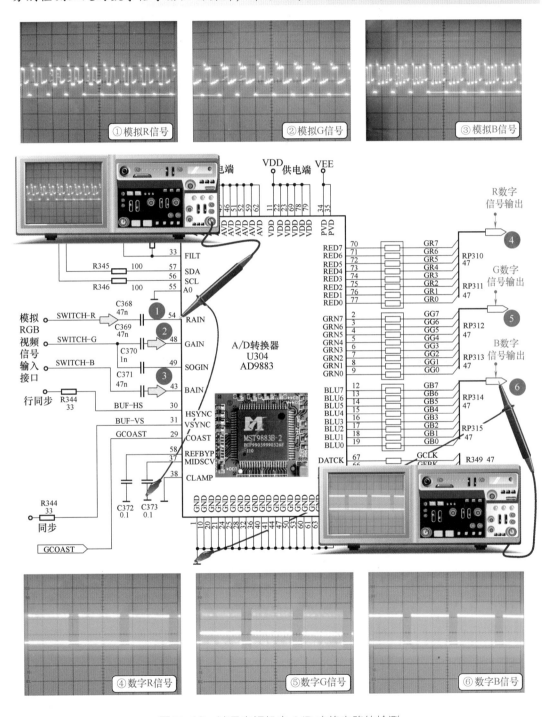

图 5-10　液晶电视机中 A/D 变换电路的检测

（2）影碟机中音频 D/A 变换电路的检测

影碟机中音频 D/A 变换电路的检测见图 5-11。

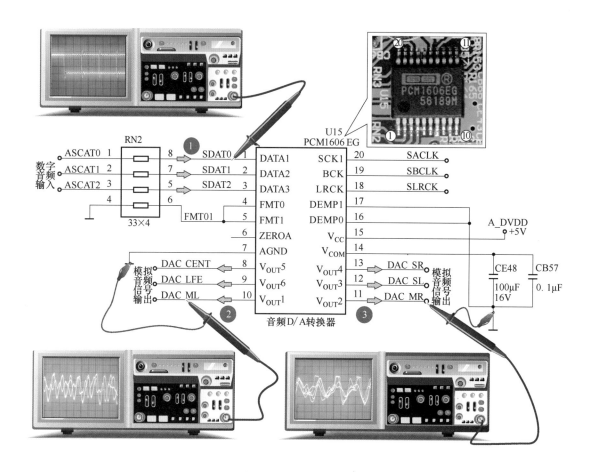

图 5-11 影碟机中音频 D/A 变换电路的检测

💡 **提示**

这是一款典型影碟机中的音频 D/A 转换电路，该电路可对输入的串行音频数据信号进行处理，变为六路多声道环绕立体声模拟信号后输出。由图 5-11 可知，PCM1606EG 的 1 脚、2 脚、3 脚为三路串行数据信号输入端，数据信号经该芯片内部进行 D/A 变换后，由 8～13 脚输出 5.1 声道模拟信号。PCM1606EG 的 18 脚、19 脚分别为左右分离时钟信号和数据时钟信号，配合数据信号进行 D/A 转换处理。检测时：

①检测点为该 D/A 变换电路的数字信号输入端，当该电路达到工作状态，用示波器即可检测到输入的数字音频信号波形；

②～③检测点为该 D/A 变换电路的模拟信号输出端，当该电路工作良好，用示波器即可检测到输出的模拟音频信号波形。

5.3 低频信号放大电路的检测

在实际应用中，低频信号放大电路的形式多种多样，常见的低频信号放大电路主要有低频小信号放大器、差动放大电路、运算放大电路等。由于结构组成不同，其原理、功能也各不相同，因此，对不同类型低频信号放大电路的检测方法也存在差异。

5.3.1 低频小信号放大器的检测

低频小信号放大器通常是处理微弱低频信号的电路，例如，话筒信号放大器、磁头信号放大器、传感器信号放大器等。

图 5-12 为典型音频立体声功放电路的检测。

低频小信号放大器的特点与检测

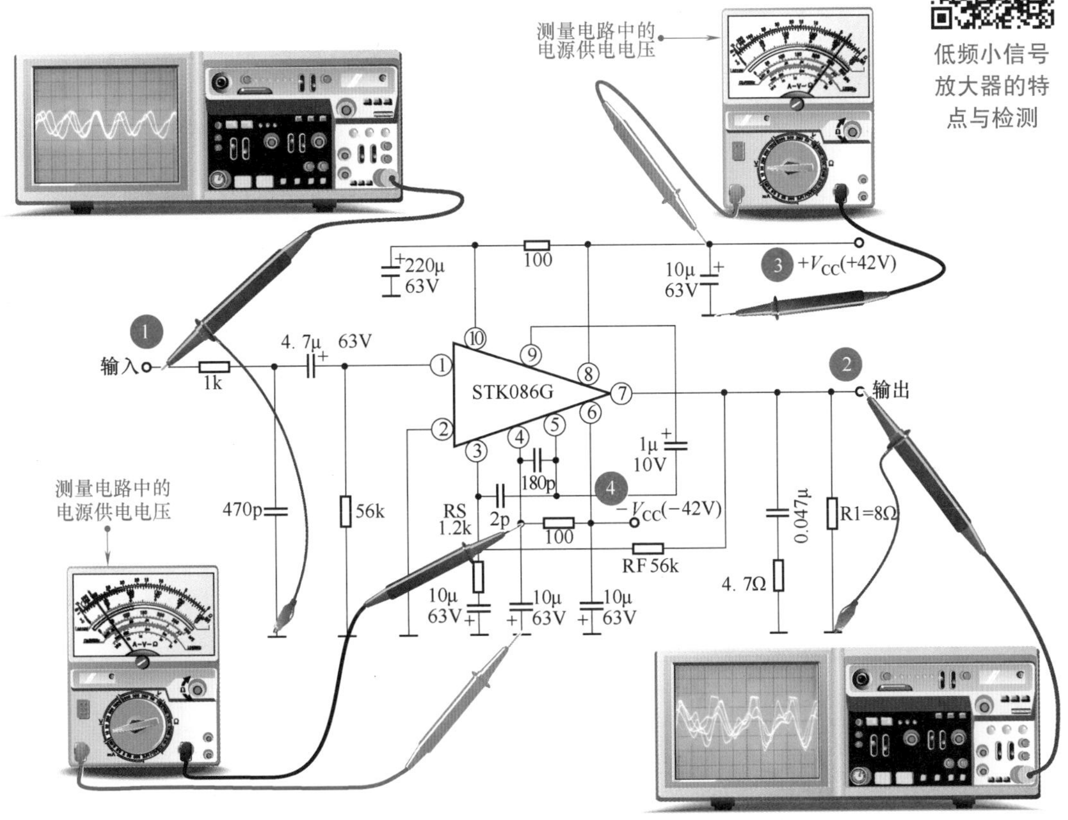

图 5-12　典型音频立体声功放电路的检测

这是一个输出功率为 70W × 2 的音频功率放大器，功率放大电路的主要部分是 STK086G 集成电路。送来的音频信号经电容器耦合后送入集成电路的①脚，经放大后由其⑦脚输出。检测时：

①检测点为低频小信号放大器的信号输入端，当该电路达到工作状态，用示波器即可检测由话筒送入的较低的音频信号波形；

②检测点为低频小信号放大器的信号输出端，当该电路工作良好，用示波器即可检测经电路放大后的音频信号波形；

③、④检测点分别为该低频小信号放大器中核心元件的正负电源供电端，是该电路正常工作的前提条件，若供电正常，用万用表即可分别测得 ±42V 的直流电压值。

5.3.2 差动放大电路的检测

差动放大电路是一种能有效抑制零点漂移的直流放大电路，它又称为差分放大电路，多应用在多级放大电路的前置级，也是运算放大器中的基本电路。

差动放大电路的检测方法与上述的低频小信号放大器的检测方法基本相同，用示波器检测电路输入与输出端的信号波形，再用万用表检测该电路的供电条件是否正常即可。

典型差动放大电路的检测见图 5-13。

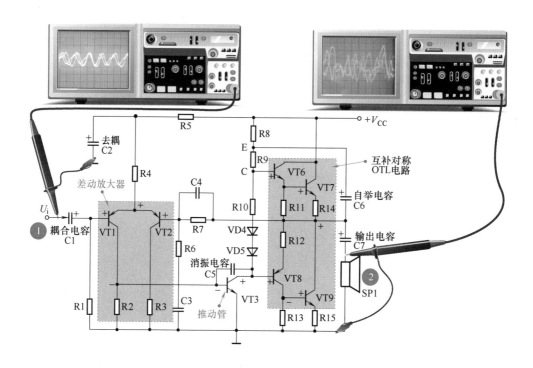

图 5-13 典型差动放大电路的检测

这是一个 OTL 音频功率放大器电路，它是差动放大器电路的典型应用实例。图 5-13 中，VT1 和 VT2 管构成单端输入、单端输出式差动电路，是一级电压放大器。VT3 是推动管，VD4 和 VD5 为功放输出管的静态偏置二极管，VT6 ～ VT9 构成复合互补对称式 OTL 电路，是输出级电路。

输入信号 U_i 经过耦合电容 C1 加到 VT1 管的基极，经放大后从其集电极输出，直接耦合到 VT3 管的基极，放大后从其集电极输出。VT3 管集电极输出的正半周信号经 VT6 和 VT7 放大，由 C7 耦合到 SP1 中，VT3 管集电极输出的负半周信号经 VT8 和 VT9 放大，也由 C7 耦合到 SP1 中，在 SP1 上获得正、负半周一个完整的信号。

检测时：

①检测点为差动放大电路的信号输入端，当该电路达到工作状态，用示波器即可检测到输入的音频信号波形；

②检测点为功率放大电路的信号输出端，当该电路工作良好，用示波器即可检测到经差动放大器和功率放大后的音频信号波形。

5.3.3　运算放大电路的检测

以图 5-14 所示的电池放电器电路的检测为例，介绍运算放大电路的检测。

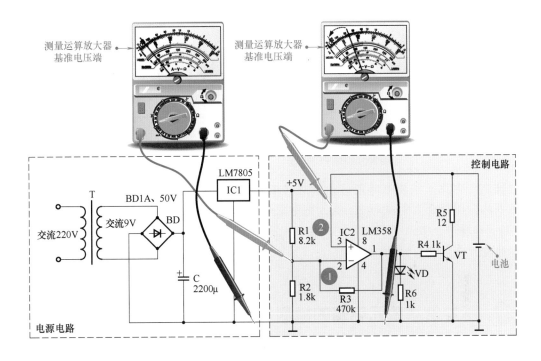

图 5-14　电池放电器电路的检测

这是一个采用 LM358 运算放大器的镍镉电池放电器电路，用于单节电池放电，在电池电压下降到 0.95 ~ 1.0V 时自动停止放电。该电路中，交流 220V 经电源变压器降压，再经桥式整流堆整流后，经滤波电容 C 滤波及 IC1 稳压后输出 5V 电压，输送到运算放大器 IC2。

IC2 的 2 脚为反相输入端，作为基准电压端，基准电压（0.95 ~ 1.0V）由电阻 R1 和 R2 分压后取得；IC2 的 3 脚为正相输入端，作为电池电压检测端与待测放电电池的正极相连接。

检测时：

①检测点为该运算放大电路的反相输入端，当该电路接入实现，达到工作状态，用万用表即可检测到不大于 1V 的直流电压值；

②检测点为该运算放大电路的正相输入端，当该电路工作良好，用万用表即可在该检测点检测到电池当前电压值；若接入电池电压为 1.5V，则用万用表即可检测到电池电压从 1.5V 降低到不大于基准电压（0.95 ~ 1.0V）的变化过程。

提示

　　对于上述电池放电器电路中，当将待放电的电池安装好，若电池电压高于基准电压，则 IC2 的①脚输出高电平，使 VD 发光，VT 导通，电池经 R5 和 VT 放电。我们可以用万用表检测此时的放电电流来判断电路性能是否良好，见图 5-15。

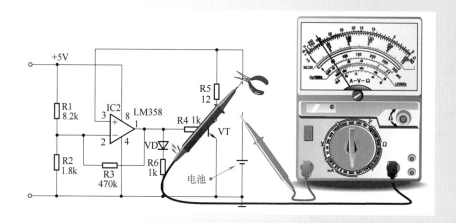

图 5-15　用万用表检测电路中的放电电流

　　首先将电池正极端电路断开，然后将万用表的红表笔连接电池的正极，黑表笔连接另一端，测得放电电流约 75mA；当电池的电压下降到基准电压（0.95～1.0V）时，IC2 输出低电平，使 VT 截止，电池停止放电，同时发光二极管 VD 熄灭，电池放电结束，此时放电电流应为 0A。

5.4　脉冲信号单元电路的检测

　　在实际应用中，脉冲信号单元电路的形式多种多样，常见的脉冲信号单元电路主要有脉冲信号发生器电路、多谐振荡器电路、脉冲信号放大器电路、计数分频电路等。由于结构组成不同，其原理、功能也各不相同，因此，对不同类型脉冲信号单元电路的检测方法也存在差异。

5.4.1　脉冲信号发生器电路的检测

　　脉冲信号发生器电路是专门用来产生脉冲信号的电路，它是数字脉冲电路中的基本电路。以键盘输入电路为例，图 5-16 为键盘输入电路的检测。

　　这是一个利用键盘输入电路的脉冲信号产生电路。通过图 5-16 可知，该键盘脉冲信号产生电路主要是由操作按键 S，反相器（非门）A、B、C、D，与非门 E 等组成的。

　　按动一下开关 S，反相器 A 的①脚会形成启动脉冲，②脚的电容被充电形成积分信号，②脚的充电电压达到一定电压值时，反相器控制脉冲信号产生电路 C 开始振荡，③脚输出脉冲信号，同时①脚的信号经反相器 D 后，加到与非门 E，⑤脚输出键控信号。

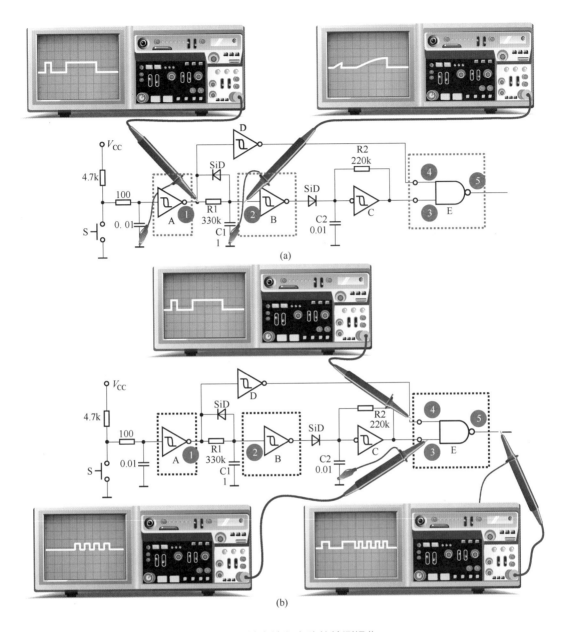

图 5-16　键盘输入电路的检测操作

检测时：

①检测点为键盘输入电路中放大器 A 形成的启动脉冲信号，当该电路达到工作状态，可利用示波器检测该处的脉冲信号波形；

②检测点为键盘输入电路中放大器 A 引脚附近的电容 C1 被充电形成的积分信号，即放大器 B 输入端的信号波形，当电路工作良好，可利用示波器检测该处的积分信号波形；

③检测点为键盘输入电路中，当放大器 B 的充电电压达到一定值时，反相器控制脉冲信号产生电路 C 振荡输出的脉冲信号，当电路工作良好，可利用示波器检测该处的脉冲信号波形；

④检测点为键盘输入电路中放大器 A 的信号经反相器 D 加到与非门 E 的信号波形，当电路工作良好，可利用示波器检测该处的脉冲信号波形；

⑤检测点为键盘输入电路中与非门 E 输出的键控信号，当电路工作良好，可利用示波器检测该处的键控信号波形。

提示

上述键盘输入电路中①～⑤各测试点的波形时序关系见图 5-17。

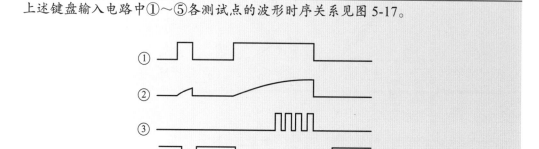

图 5-17　键盘输入电路中①～⑤各测试点的波形时序关系

5.4.2　脉冲信号放大器电路的检测

脉冲信号放大器电路就是利用放大器对信号进行放大的电路，常见的有脉冲升压电路和脉冲信号隔离放大传输电路。

（1）脉冲升压电路的检测

脉冲升压电路的检测见图 5-18。

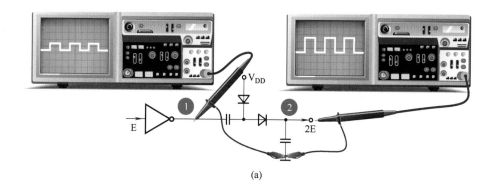

(a)

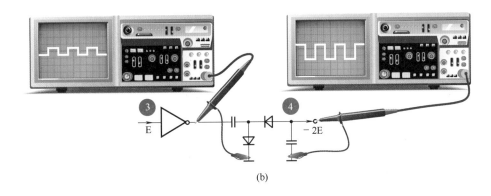

(b)

图 5-18　脉冲升压电路的检测操作

这是两个简单的脉冲信号放大器，具有提升输入信号电压的作用，因此称其为脉冲升压器，图 5-18（a）中的电路可使输出脉冲幅度为输入幅度的 2 倍，图 5-18（b）中的电路可得到负极性 2 倍幅度的脉冲。检测时：

①检测点为脉冲升压电路（a）的信号输入端，当该电路达到工作状态，可利用示波器检测该处的脉冲信号波形；

②检测点为脉冲升压电路（a）的信号输出端，当电路工作良好，可利用示波器检测到将幅度放大 2 倍的脉冲信号波形；

③检测点为脉冲升压电路（b）的信号输入端，当该电路达到工作状态，可利用示波器检测该处的脉冲信号波形；

④检测点为脉冲升压电路（b）的信号输出端，当电路工作良好，可利用示波器检测到反相的、幅度放大 2 倍的脉冲信号波形。

（2）脉冲信号隔离放大传输电路的检测

脉冲信号隔离放大传输电路的检测见图 5-19。

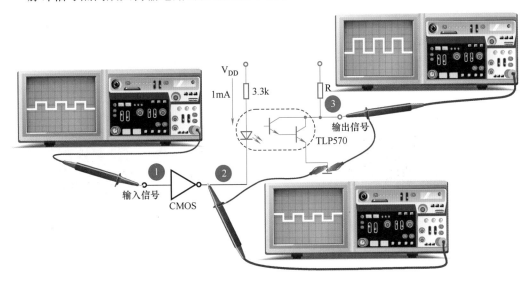

图 5-19　脉冲信号隔离放大传输电路的检测操作

这是一种利用光电耦合器传输脉冲信号的电路，光电耦合器采用 TLP570，信号的输入和输出均采用反相器（非门）74LS04。这样可使发送电路与接收电路在电气上相互隔离。

检测时：

①检测点为该脉冲信号隔离放大传输电路的信号输入端，当电路达到工作状态，可利用示波器检测该处的脉冲信号波形；

②检测点为该脉冲信号隔离放大传输电路经非门后的输出信号，当电路工作良好，可利用示波器检测到与输入端反相的脉冲信号波形；

③检测点为该脉冲信号隔离放大传输电路的输出信号，当电路工作良好，可利用示波器检测到与输入端信号同相的、放大的脉冲信号波形。

5.4.3　计数分频电路的检测

计数分频电路是指对某一信号分成多个单元电路所需要的信号频率的电路，是数字产品中不可缺少的基本电路单元，较多应用于数字计算机的 CPU 电路、预置计数分频器电路、A/D 变换器电路、运算（加减）计数分频器电路、各种数字控制电路中的计数分频器和分频器、数字时间电路、竞赛用计数分频器电路以及 D/A 变换器电路中。

以十进制计数分频电路为例，图 5-20 为十进制计数分频电路的检测。

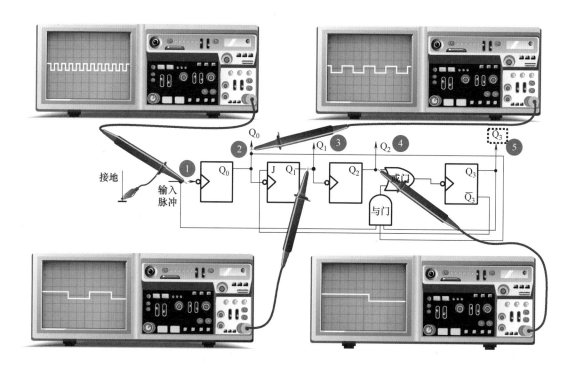

图 5-20　十进制计数分频电路的检测操作

这是一种十进制计数分频电路，其输入的波形形状为正方波，经电路进行分频后，可从后级每一级电路输出经分频后的信号。检测时：

①检测点为该十进制计数分频电路的输入端，当电路达到工作状态，可利用示波器检测该处的信号波形；

②～⑤检测点为十进制计数分频电路的四个输出端，当电路工作良好，可利用示波器检测到经分频的信号波形。

提示

在上述十进制计数分频电路中，②～⑤输出信号波形的时序关系见图 5-21。

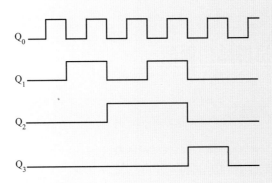

图 5-21　Q_0、Q_1、Q_2、Q_3 信号波形的时序关系

6

第 6 章
液晶电视机维修

6.1 液晶电视机的结构原理

6.1.1 液晶电视机的结构

　　液晶电视机是一种采用液晶显示屏作为显示器件的视听设备，用于欣赏电视节目或播放影音信息。打开外壳便可以看到内部的几块电路板，分别是模拟信号电路板、数字信号电路板、开关电源电路板、逆变器电路板、操作显示和遥控接收电路板、接口电路板等，它们之间通过线缆互相连接，如图 6-1 所示。

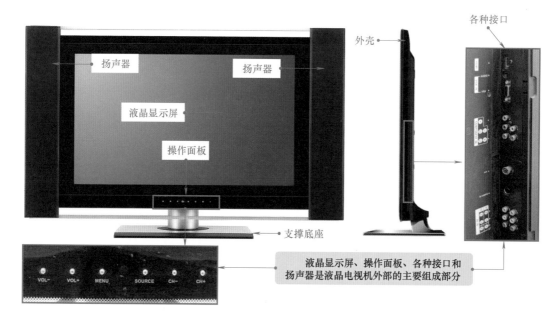

图 6-1 液晶电视机的内部结构

（1）液晶显示屏

　　液晶显示屏组件主要是由液晶屏、驱动电路和背部光源组件构成的，如图 6-2 所示。液晶屏主要用来显示彩色图像；液晶屏后面的背部光源用来为液晶屏照明，提高显示亮度；在液晶屏的上方和左侧通过特殊工艺安装有多组水平和垂直驱动电路，用来为液晶屏提供驱动信号。

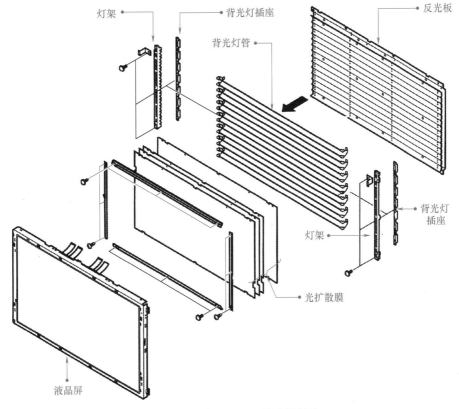

灯架

背光灯插座

背光灯管

反光板

背光灯插座

灯架

光扩散膜

液晶屏

图 6-2　液晶显示屏的内部结构

（2）模拟信号电路板

模拟信号电路板是液晶电视机中用于接收、处理和传输模拟信号的电路板。通常，该电路板中包括调谐器及中频电路（即电视信号接收电路）、音频信号处理电路等部分。这些电路中的信号均属于模拟信号。

① 调谐器和中频电路　调谐器和中频电路通常由调谐器、预中放、声表面波滤波器、中频信号处理芯片等构成。该电路主要用于接收天线或有线电视信号，并将信号进行处理后输出音频信号和视频图像信号。

② 音频信号处理电路　音频信号处理电路主要用来处理来自中频通道的伴音信号和接口部分输入的音频信号，并驱动扬声器发声。音频信号处理电路主要由音频信号处理芯片、音频功率放大器和扬声器构成。

（3）数字信号处理电路板

数字信号处理电路板是液晶电视机中用于接收、处理和传输数字信号的电路板，包括数字信号处理电路、系统控制电路、接口电路等部分。

① 数字信号处理电路　数字信号处理电路是处理视频图像信号的关键电路，液晶电视机播放电视节目时显示出的所有景物、人物、图形、图像、字符等信息都与这个电路相关。通常情况下，该电路主要是由视频解码器、数字图像处理芯片、图像存储器和时钟晶体等组成的。

② 系统控制电路　系统控制电路是液晶电视机整机的控制核心，液晶电视机执行电视

节目的播放、声音的输出、调台、搜台、调整音量、亮度设置等功能都是由该电路控制的。系统控制电路包括微处理器、用户存储器、时钟晶体等几部分。

（4）开关电源电路板

开关电源电路板通常是一块相对独立的电路板。电路板上安装有很多分立直插式的大体积元器件。开关电源电路是液晶电视机中十分关键的电路，主要用于为液晶电视机中各单元电路、电子元件及功能部件提供直流工作电压（5V、12V、24V），维持整机正常工作。

（5）逆变器电路板

逆变器电路板一般安装在靠近液晶电视机两侧边缘的位置。它主要由 PWM 信号产生电路、场效应晶体管、高压变压器、背光灯供电接口构成。该电路板通过接口与液晶显示屏组件中的背光灯管连接，为其提供工作电压。

（6）接口电路

液晶电视机的接口电路主要用于将液晶电视机与各种外部设备或信号连接，是一个以实现数据或信号的接收和发送为目的的电路单元。液晶电视机中的接口较多，主要包括 TV 输入接口（调谐器接口）、AV 输入接口、AV 输出接口、S 端子接口、分量视频信号输入接口、VGA 接口等，有些还设有 DVI（或 HDMI）数字高清接口。

6.1.2　液晶电视机的原理

液晶电视机各单元电路协同工作。其中，电视信号接收电路、数字信号处理电路、音频信号处理电路及显示屏驱动电路完成电视信号的接收、分离、处理、转换、放大和输出；逆变器电路主要用于为背光灯供电；由液晶显示屏和扬声器配合实现电视节目的播放。

系统控制电路作为整个液晶电视机的控制核心，主要作用就是对各个单元电路及功能部件进行控制，确保电视节目的正常播放。

液晶电视机的整机工作过程非常细致、复杂，为了能够更好地理清关系，从整机角度了解信号主线，可从液晶电视机的整机结构框图入手，从四条线路入手，掌握主要信号线路及功能电路的关系，如图 6-3 所示。

（1）第一条线路

图像信号处理过程：由 YPbPr 分量接口、VGA 接口和数字音视频（HDMI）接口送来的视频信号直接送入数字视频处理器中进行处理；由 AV1、AV2、S 端子和调谐器等接口送来的视频信号则先经视频解码电路（SAA7117AH）进行解码处理后，再送入数字视频处理器中。上述各种接口送来的视频信号最终经数字信号处理电路（MST5151A）处理后输出 LVDS 信号，经屏线驱动液晶屏显示图像。

（2）第二条线路

音频信号处理过程：来自 AV1 输入接口和调谐器中频组件处理后分离出的音频信号直接送入音频信号处理电路；来自 AV2 输入接口、YPbPr 分量接口、VGA 接口和数字音视频（HDMI）输入接口的音频信号经音频切换选择开关电路进行切换和选择后送入音频信号处理电路中。各种接口送来的音频信号经音频信号处理电路（NJW1142）进行音调、平衡、音质、静音和 AGC 等处理后，送入音频功率放大器中放大，最后输出伴音信号并驱动扬声器发声，实现电视节目伴音信号的正常输出。

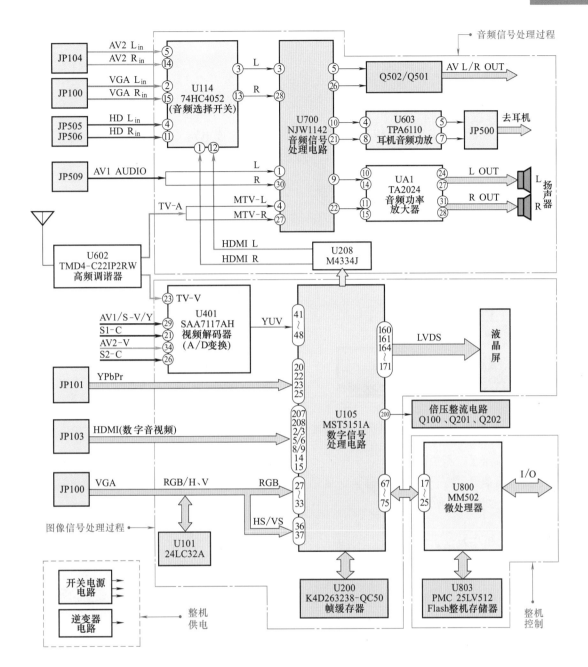

图6-3 液晶电视机的电路关系

（3）第三条线路

整机控制过程：控制系统是整机的控制中心，该电路为液晶电视机中的各种集成电路（IC）提供 I^2C 总线数据、时钟信号和控制信号（高低电平控制）。若微处理器不正常，则可能会引起电视机出现图像花屏、自动关机、图像异常、伴音有杂音、遥控不灵等故障。

（4）第四条线路

整机供电过程：液晶电视机多采用内置开关电源组件。开关电源电路将交流220V市电经整流滤波、开关振荡、变压器变压、稳压等处理后输出多组电压，为整机提供电能。

6.2 液晶电视机的检修案例

6.2.1 液晶电视机调谐器和中频电路的故障检修案例

液晶电视机的调谐器和中频电路是接收电视信号的重要电路。若该电路出现故障，常会引起无图像、无伴音、屏幕有雪花噪点等现象。当怀疑该电路异常时，可按如图6-4所示的顺序逐一检测电路，直到找到异常部位，排除故障。

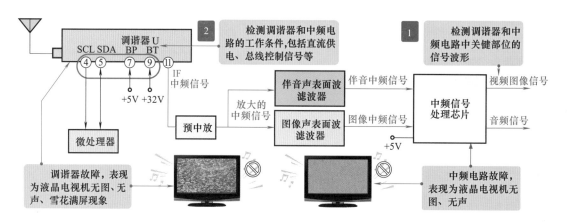

图6-4 调谐器和中频电路的检修流程

（1）顺流程检测关键信号

顺电路信号流程，根据信号输入、处理和输出的特点，对主要元器件输入和输出端引脚进行测量，如图6-5所示。

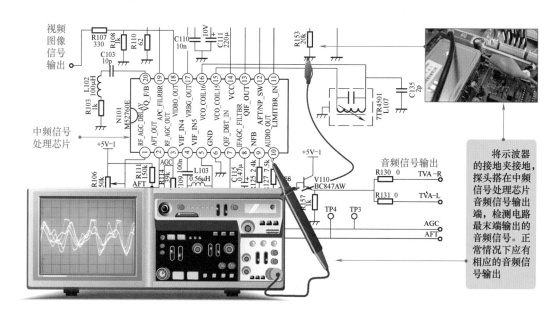

图6-5 调谐器和中频电路中输出信号的检测

提示

图 6-6 为中频电路中几个关键部位检测到的主要信号波形。检测方法与检测中频信号处理芯片输出的音频信号相同。这就要求检修人员能够读懂和理清调谐器和中频电路的信号流程，分析出信号传输的基本线路，并能找到电路中的几个关键元器件。通过检测关键元器件输入端和输出端的信号，即可对电路的工作状态有一个大致判断。

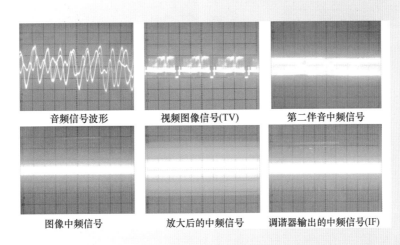

| 音频信号波形 | 视频图像信号(TV) | 第二伴音中频信号 |
| 图像中频信号 | 放大后的中频信号 | 调谐器输出的中频信号(IF) |

图 6-6 调谐器和中频电路中的信号波形

（2）测量电路的基本工作条件

当检测某一元器件无信号输出时，还不能立即判断为所测元器件损坏，还需要对元器件的基本工作条件进行检测。例如，检测调谐器 IF 端无中频信号输出时，接下来需要首先判断其直流供电条件是否正常，如图 6-7 所示。若供电异常，则调谐器无法工作。

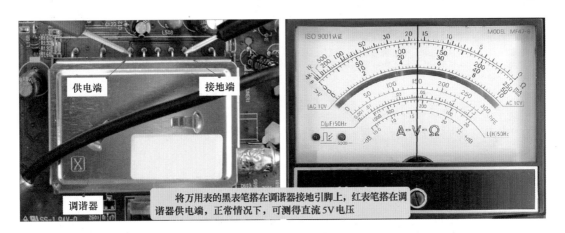

将万用表的黑表笔搭在调谐器接地引脚上，红表笔搭在调谐器供电端，正常情况下，可测得直流 5V 电压

图 6-7 调谐器直流供电电压的检测方法

除供电电压外，调谐器和中频信号处理芯片还需要微处理器提供的 I^2C 总线控制信号，才能正常工作，因此还需对其 I^2C 总线控制信号端的信号波形进行检测，如图 6-8 所示。

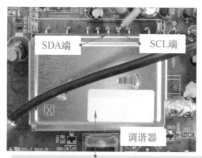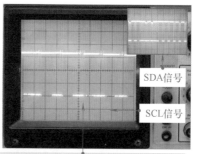

将示波器的接地夹接地，探头搭在调谐器的I²C总线信号端，正常情况下，应可测得I²C总线信号波形(SCL、SDA)，否则应检查系统控制电路部分

图6-8 调谐器 I²C 总线信号的检测方法

6.2.2 液晶电视机音频信号处理电路的故障检修案例

音频信号处理电路出现故障会引起液晶电视机无伴音、音质不好或有交流声等现象。判断该电路是否正常，可顺信号流程逆向检测音频信号。

其中，音频功率放大器是音频信号处理电路中的重要器件，故障率较高。检测时可通过对其输出和输入端信号的检测，判别故障。具体操作如图6-9所示。

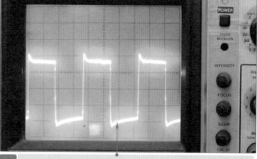

1 将示波器的接地夹接地，将探头搭在音频功率放大器的输出端引脚上，正常情况下，应能够测得音频信号波形

2 大多数液晶电视机的音频功率放大器为数字式，因此在其输出端输出的是数字音频信号，这一信号经后级低通滤波后，变换为模拟音频信号，驱动扬声器发声

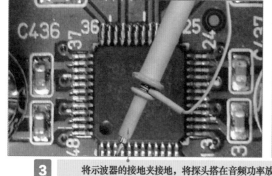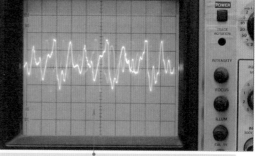

3 将示波器的接地夹接地，将探头搭在音频功率放大器的输入端引脚上。正常情况下，应能够测得前级送来的音频信号波形。若该信号正常，说明前级电路正常；若无信号输入，应沿信号流程检测前级电路

图6-9 音频功率放大器输入、输出信号的检测方法

音频信号处理集成电路是音频功率放大器的前级电路器件，该芯片的输出经印制线路板及中间器件后送到音频功率放大器的输入端。因此，其输出端信号波形与音频功率放大器的输入端信号相同，如图 6-10 所示。

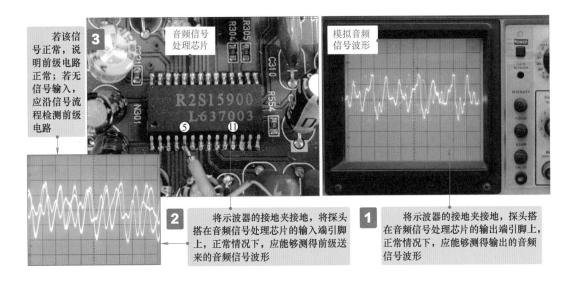

图 6-10　音频信号处理集成电路输入、输出信号的检测方法

音频功率放大器和音频信号处理集成电路的正常工作都需要基本供电条件和 I^2C 总线信号的控制。当满足输入信号正常，工作条件正常，无输出时，可判断为所测元器件损坏。

6.2.3　液晶电视机数字信号处理电路的故障检修案例

数字信号处理电路出现故障，经常会引起液晶电视机出现无图像、黑屏、花屏、图像马赛克、满屏竖线干扰或不开机等现象。检修该电路时可逆向对电路信号流程逐级检测；也可依据故障现象，先分析出可能产生故障的部位，有针对性地进行检测。

在通电开机状态下，检测数字信号处理电路输出到后级电路的 LVDS（低压差分信号），该信号是视频图像信号的处理结果，送至显示屏驱动电路，如图 6-11 所示。

若数字图像处理集成电路无信号输出，则应检测输入端信号，如图 6-12 所示。若数字图像处理集成电路输入端信号正常，则说明数字图像处理集成电路前级电路部分基本正常。

若数字图像处理集成电路输入端无信号，即视频解码器无信号输出，则应检测视频解码器的输入信号。设定检测时由影碟机播放标准彩条信号，并经 AV1 接口输入信号，检测方法与上述方法相同。若输入正常，无输出，还需要检测电路的工作条件。

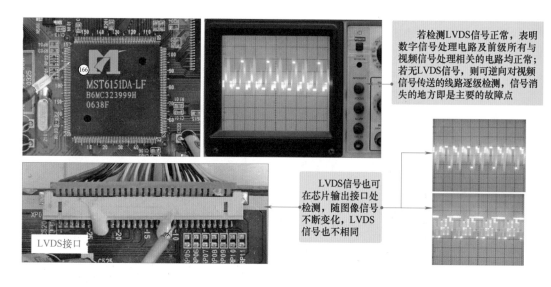

图 6-11 数字信号处理电路输出端信号的检测

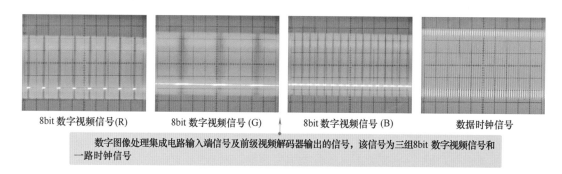

| 8bit 数字视频信号(R) | 8bit 数字视频信号 (G) | 8bit 数字视频信号 (B) | 数据时钟信号 |

数字图像处理集成电路输入端信号及前级视频解码器输出的信号,该信号为三组8bit 数字视频信号和一路时钟信号

图 6-12 数字图像处理集成电路信号输入端信号的检测

6.2.4 液晶电视机系统控制电路的故障检修案例

系统控制电路是液晶电视机实现整机自动控制、各电路协调工作的核心电路。该电路出现故障通常会造成液晶电视机出现各种故障,如不开机、无规律死机、操作控制失常、不能记忆频道等现象。检修时,主要围绕核心元器件,即微处理器的工作条件、输入或检测信号、输出控制信号等展开测试。

直流供电电压和复位电压(信号)是微处理器正常工作的基本电压条件,可用万用表测量微处理器芯片的相应引脚,正常时应能检测到供电电压和复位电压。

此外,微处理器正常工作还需要基本的时钟、总线等信号,且在接收到人工指令等信号后,相关控制端也输出控制信号,如开机 / 待机信号等,可在识别芯片相应信号后,借助示波器逐一检测,如图 6-13 所示。

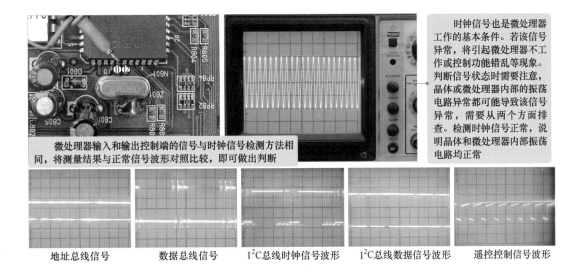

地址总线信号　　数据总线信号　　I^2C总线时钟信号波形　　I^2C总线数据信号波形　　遥控控制信号波形

图 6-13　微处理器主要信号的检测方法

6.2.5　液晶电视机开关电源电路的故障检修案例

开关电源电路出现故障经常会引起液晶电视机出现花屏、黑屏、屏幕有杂波、通电无反应、指示灯不亮、无声音、无图像等现象。由于该电路以处理和输出电压为主，因此检修该电路时，可重点检测电路中关键点的电压值，找到电压值不正常的范围，再对该范围内相关元器件进行检测，找到故障元器件，检修或更换。

开关电源电路输出多路直流低压，是整机正常工作的基本条件。以检测输出端电压作为检测开关电源电路的入手点，能够快速判断出开关电源电路的工作状态，如图 6-14所示。

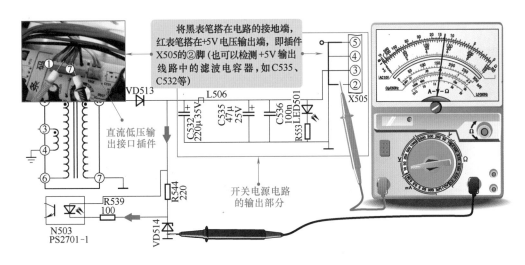

图 6-14　开关电源电路中直流电压的检测方法

通过测量关键点电压值圈定出故障范围后，或当开关电源电路无法通电测电压时，可对该电路中核心的、易损部件进行检测。其中，桥式整流堆、开关管（开关场效应晶体管）都是重点检测元件。

桥式整流堆用于将输入的交流 220V 电压整流成 +300V 直流电压，为后级电路供电。若损坏，会引起液晶电视机出现不开机、开机无反应等故障。可借助万用表检测桥式整流堆输入、输出端电压值判断桥式整流堆的好坏，如图 6-15 所示。

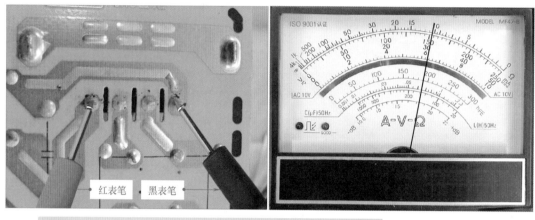

将万用表的红、黑表笔搭在桥式整流堆的正、负极输出引脚端。正常情况下，可测得直流 300V 电压。否则，说明桥式整流堆或前级电路异常

图 6-15 开关电源电路中桥式整流堆的检测方法

开关场效应晶体管主要用来放大开关脉冲信号去驱动开关变压器工作。开关场效应晶体管工作在高反应、大电流状态下，是液晶电视机开关电源电路故障率最高的元器件，检测时，可借助万用表检测其引脚间阻值的方法判断好坏，如图 6-16 所示。

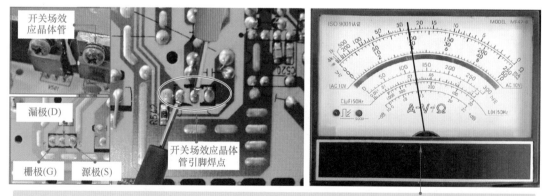

将万用表调至"×1k"欧姆挡，将黑表笔搭在栅极(G)上，红表笔搭在漏极(D)上，可检测到一个固定阻值(实测样机为 25.5kΩ)；黑表笔不动，将红表笔搭在源极(S)上，也可检测得一个固定阻值(实测样机为13.5kΩ)；否则怀疑元器件异常

图 6-16 开关场效应晶体管的检测方法

6.2.6　液晶电视机逆变器电路的故障检修案例

逆变器电路是液晶电视机中专门为液晶显示屏背光灯管供电的电路。若该电路出现故障，会影响液晶显示屏的图像显示。常见的故障现象主要有黑屏、屏幕闪烁、有干扰波纹等。检修该电路时，可逆向对电路信号流程逐级检测电路关键点的信号波形，信号消失的地方即为关键故障点。图 6-17 为逆变器电路的检修方法。

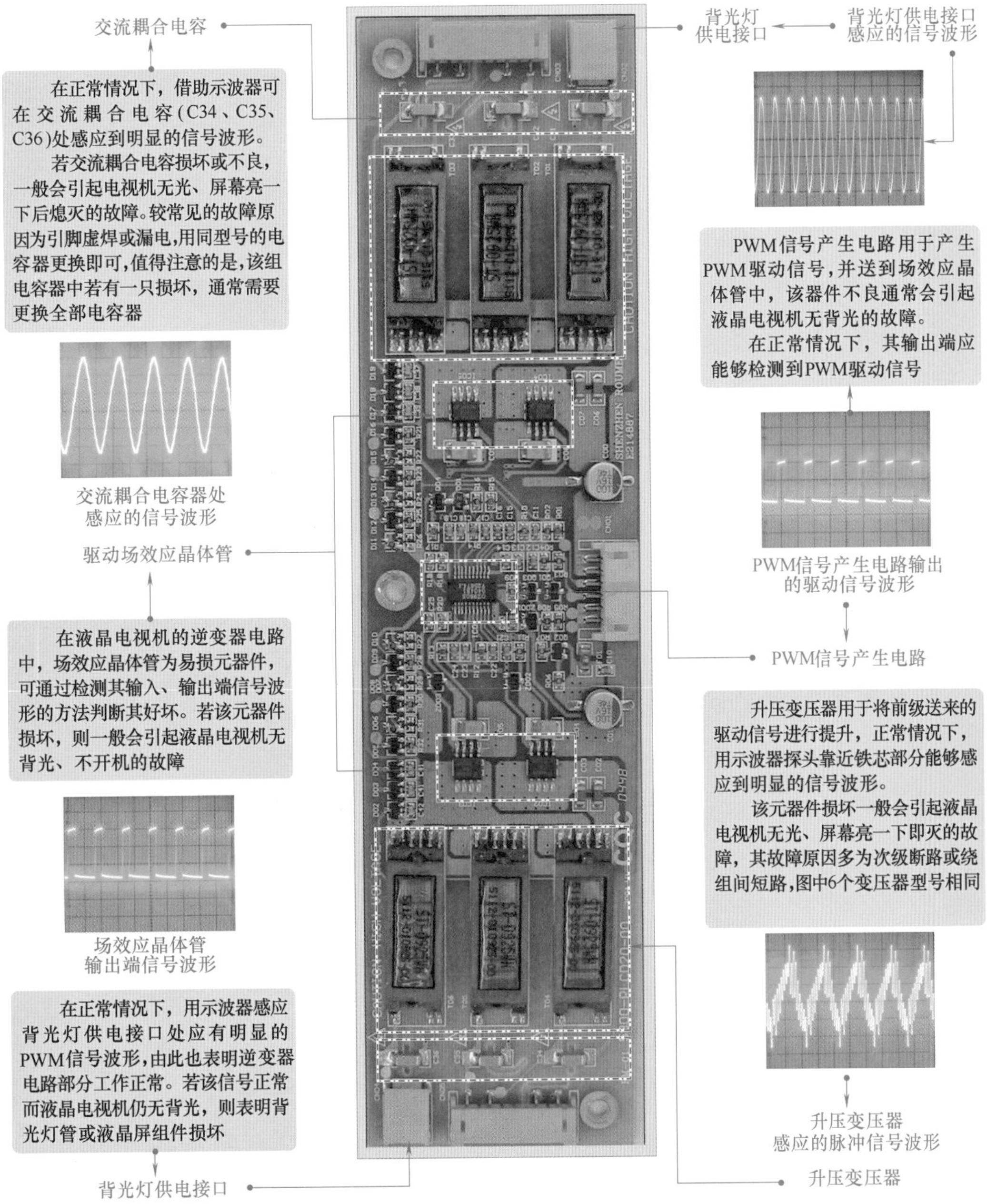

交流耦合电容

在正常情况下，借助示波器可在交流耦合电容(C34、C35、C36)处感应到明显的信号波形。

若交流耦合电容损坏或不良，一般会引起电视机无光、屏幕亮一下后熄灭的故障。较常见的故障原因为引脚虚焊或漏电，用同型号的电容器更换即可，值得注意的是，该组电容器中若有一只损坏，通常需要更换全部电容器

交流耦合电容器处
感应的信号波形

驱动场效应晶体管

在液晶电视机的逆变器电路中，场效应晶体管为易损元器件，可通过检测其输入、输出端信号波形的方法判断其好坏。若该元器件损坏，则一般会引起液晶电视机无背光、不开机的故障

场效应晶体管
输出端信号波形

在正常情况下，用示波器感应背光灯供电接口处应有明显的PWM信号波形，由此也表明逆变器电路部分工作正常。若该信号正常而液晶电视机仍无背光，则表明背光灯管或液晶屏组件损坏

背光灯供电接口

背光灯
供电接口

背光灯供电接口
感应的信号波形

PWM信号产生电路用于产生PWM驱动信号，并送到场效应晶体管中，该器件不良通常会引起液晶电视机无背光的故障。

在正常情况下，其输出端应能够检测到PWM驱动信号

PWM信号产生电路输出
的驱动信号波形

PWM信号产生电路

升压变压器用于将前级送来的驱动信号进行提升，正常情况下，用示波器探头靠近铁芯部分能够感应到明显的信号波形。

该元器件损坏一般会引起液晶电视机无光、屏幕亮一下即灭的故障，其故障原因多为次级断路或绕组间短路，图中6个变压器型号相同

升压变压器
感应的脉冲信号波形

升压变压器

图 6-17　逆变器电路的检修

6.2.7 液晶电视机图像、伴音不良的检修案例

液晶电视机电视信号接收电路出现故障时，常会出现声音和图像均不正常的故障现象。此时可将故障机的电路图纸与故障机的实物对照，并结合故障表现，先建立起故障检修的流程，然后按电视信号接收电路的信号流程逐一进行检测。

根据故障表现，声音和图像均不正常，一般为处理声音和图像的公共通道部分异常。即应重点对电视信号接收电路进行检测。如图 6-18 所示。

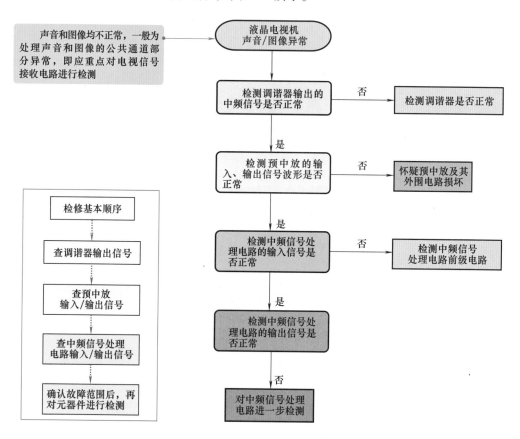

图 6-18 典型液晶电视机电视信号接收电路的检修流程

结合故障表现和故障分析，按图 6-19 所示的方法检测调谐器输出的中频信号波形。

按图 6-20 所示的方法检测预中放的输入 / 输出信号波形。

根据检测可了解到，调谐器输出的中频信号正常，预中放输入信号正常、输出信号不正常，怀疑预中放损坏，使用相同型号的预中放代换后，再次试机，故障被排除。

6.2.8 液晶电视机无声的故障检修案例

液晶电视机开机后图像正常，左声道扬声器无声，调大音量，可听到电流声。这种情况说明处理左声道音频信号的线路存在故障，重点检查左声道传输线路中的相关元件。可逆向对信号流程检测音频功率放大器和音频信号处理集成电路，锁定故障范围。

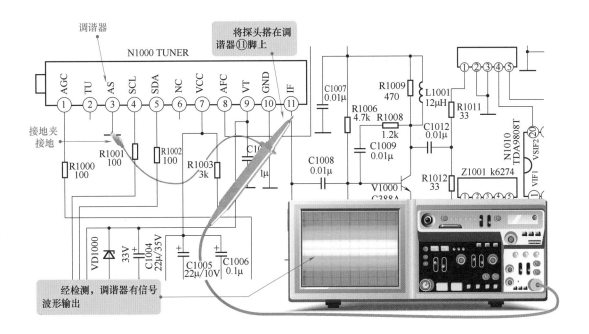

图 6-19 检测调谐器输出的中频信号波形

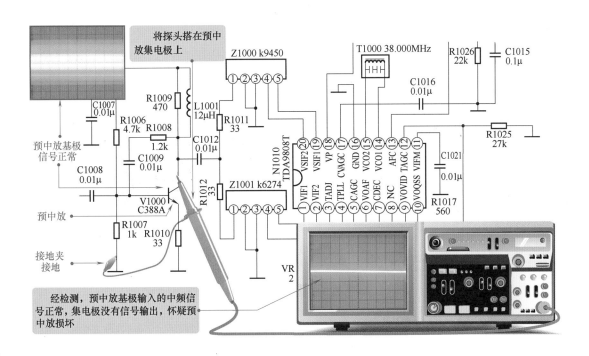

图 6-20 检测预中放的输入/输出信号波形

如图 6-21 所示，该故障电视机采用 TPA3002D2 音频功率放大器。依次检测音频功率放大器左声道音频信号的输出端信号。

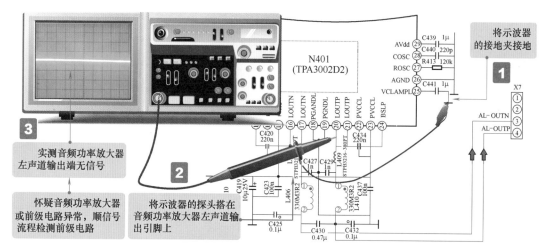

图 6-21 检测音频功率放大器左声道音频信号的输出端信号

发现功率放大器左声道输出端无信号输出。继续检测音频功率放大器左声道输入的音频信号，发现也没有任何信号输入，说明故障很可能在音频功率放大器的前级电路。如图 6-22 所示，继续对音频信号处理集成电路输出的左声道音频信号进行检测。

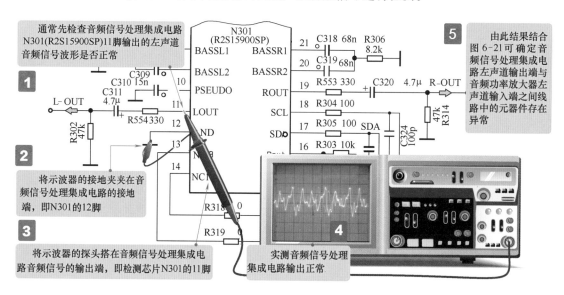

图 6-22 检测音频信号处理集成电路左声道音频信号的输出端信号

检测发现，音频信号处理集成电路输出的左声道音频信号正常。这说明音频信号处理集成电路左声道输出端与音频功率放大器左声道输入端之间的线路中元器件损坏。结合电路，音频信号处理集成电路 N301 左声道输出端与音频功率放大器左声道输入端之间有元器件 R554、C311。经检测发现，电阻器 R554 的阻值为无穷大，说明 R554 已断路，更换后，故障被排除。

6.2.9　液晶电视机有图像无背光的故障检修案例

液晶电视机开机后，从液晶屏上能够看到很暗的图像，但没有背光。这种情况应重点检测逆变器电路的供电、背光灯、升压变压器及驱动场效应晶体管。

首先，检测逆变器电路的 12V 供电电压和开关控制信号。测得 12V 供电和开关控制信号正常。继续检测背光灯接口的信号波形。如图 6-23 所示。

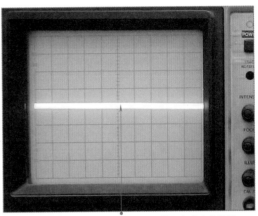

将示波器的探头靠近背光灯接口　　　　　经检测，未感应到信号波形，说明前级电路存在故障

图 6-23　检测背光灯接口的信号波形

检测发现无信号波形，说明前级电路存在故障。对升压变压器进行检测，依然未检测到放大后的 PWM 驱动信号。继续逆信号流程对驱动场效应晶体管进行检测，如图 6-24 所示。检测发现，驱动场效应晶体管的输入端能够检测到输入的 PWM 驱动信号，而输出端无信号输出。怀疑驱动场效应晶体管损坏，使用相同型号的驱动场效应晶体管代换后，再次试机，故障被排除。

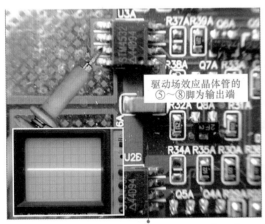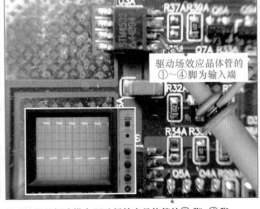

将示波器的探头搭在驱动场效应晶体管的⑤～⑧脚　　将示波器的探头搭在驱动场效应晶体管的②脚、④脚

图 6-24　检测驱动场效应晶体管

7

第 7 章
空调器维修

7.1 空调器的结构原理

7.1.1 空调器的结构

空调器是一种给空间区域提供空气处理的设备，其主要功能是对空气中的温度、湿度、纯净度及空气流速等进行调节。

图 7-1 为典型分体壁挂式空调器室内机内部结构示意图。

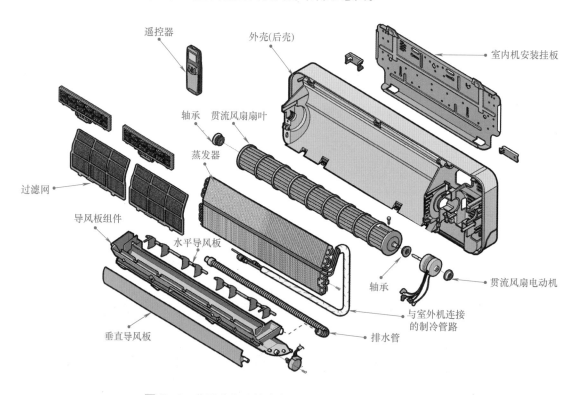

图 7-1 典型分体壁挂式空调器室内机内部结构示意图

从图 7-1 中可看出，空调器的室内机主要由空气过滤网及清洁滤尘网、导风板及导风板电动机、蒸发器、风扇组件、电路部分、连接管路和遥控器等部分构成。

图 7-2 为典型分体壁挂式空调器室外机的内部结构示意图。

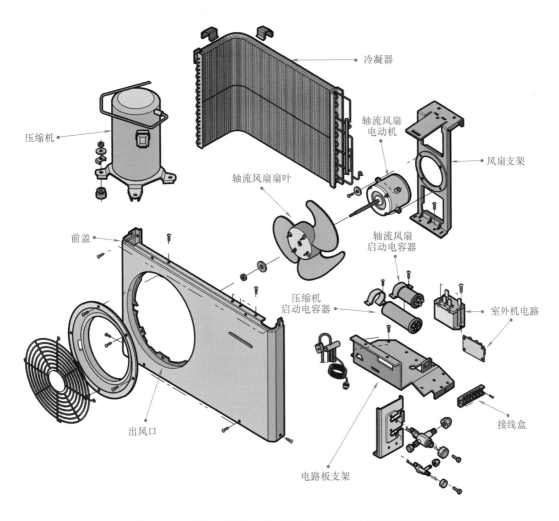

图 7-2　典型分体壁挂式空调器室外机的内部结构示意图

从图 7-2 中可看出，空调器室外机主要是由轴流风扇、压缩机、冷凝器、启动电容器、电磁四通换向阀、干燥过滤器、截止阀和接线盒等部分构成的。

7.1.2　空调器的原理

图 7-3 为空调器的控制关系。在室内机中，由遥控信号接收电路接收遥控信号，控制电路根据遥控信号对室内风扇电动机、导风板电动机进行控制，并对室内温度、管路温度进行检测，同时通过通信电路将控制信号传输到室外机中，控制室外机工作。

在室外机中，控制电路板根据室内机送来的通信信号，对室外风扇电动机、电磁四通阀等进行控制，并对室外温度、管路温度、压缩机温度进行检测；同时，在控制电路的控制下，变频电路输出驱动信号驱动变频压缩机工作。另外，室外机控制电路也将检测信号、故障诊断信息以及工作状态等信息通过通信接口传送到室内机中。

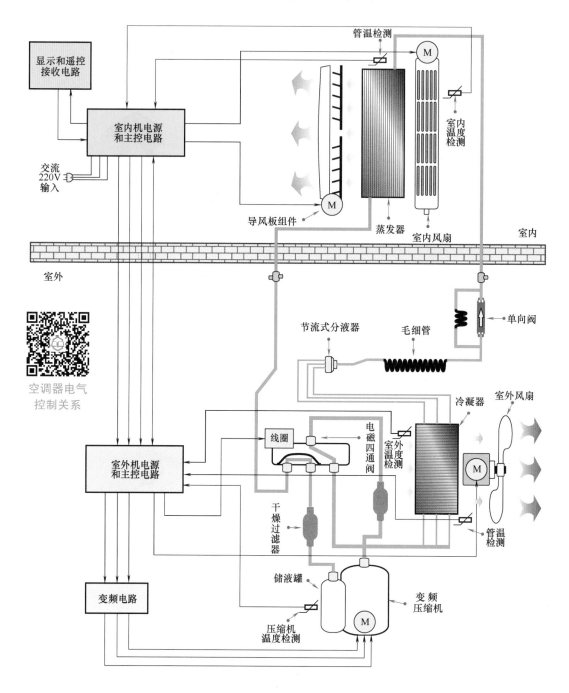

图 7-3　空调器的控制关系

空调器的制冷、制热循环都是在控制电路的监控下完成的，其中室内机、室外机中的控制电路分别对不同的部件进行控制，两个控制电路之间通过通信电路传递数据信号，保证空调器能够正常稳定地工作。

（1）空调器的制冷原理

图 7-4 为空调器的制冷原理。当空调器进行制冷工作时，电磁四通阀处于断电状态，内部滑块使管口 A、B 导通，管口 C、D 导通。同时，在空调器电路系统的控制下，室内机与室外机中的风扇电动机、变频压缩机等电气部件也开始工作。

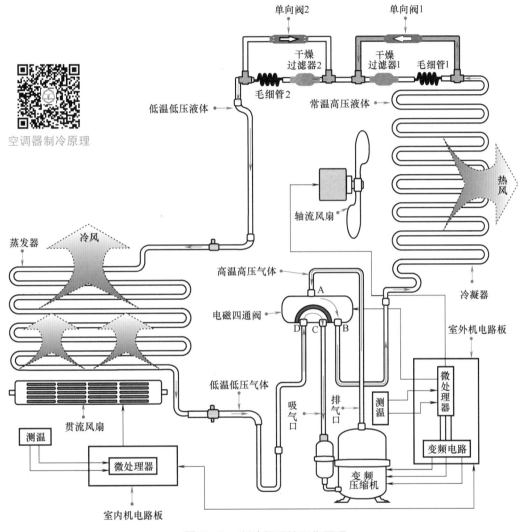

图 7-4 制冷循环的工作原理

制冷剂在变频压缩机中被压缩，原本低温低压的制冷剂气体压缩成高温高压的过热蒸汽，然后经压缩机排气口排出，由电磁四通阀的 A 口进入，经电磁四通阀的 B 口进入冷凝器中。高温高压的过热蒸汽在冷凝器中散热冷却，轴流风扇带动空气流动，加速冷凝器的散热效果。

经冷凝器冷却后的常温高压制冷剂液体经单向阀 1、干燥过滤器 2 进入毛细管 2 中，制冷剂在毛细管中节流降压后，变为低温低压的制冷剂液体，经二通截止阀送入到室内机中。制冷剂在室内机蒸发器中吸热汽化，蒸发器周围空气的温度下降，贯流风扇将冷风吹入室内，加速室内空气循环，提高制冷效率。

汽化后的制冷剂气体再经三通截止阀送回室外机，经电磁四通阀的 D 口、C 口和压缩机吸气口回到变频压缩机中，进行下一次制冷循环。

（2）空调器的制热原理

空调器的制热原理正好与制冷原理相反，如图 7-5 所示。在制冷循环中，室内机的蒸发器起吸热作用，室外机的冷凝器起散热作用。因此，空调器制冷时，室外机吹出的是热风，室内机吹出的是冷风。而在制热循环中，室内机的蒸发器起到的是散热作用，而室外机的冷凝器起到的是吸热作用。因此，空调器制热时室内机吹出的是热风，而室外机吹出的是冷风。

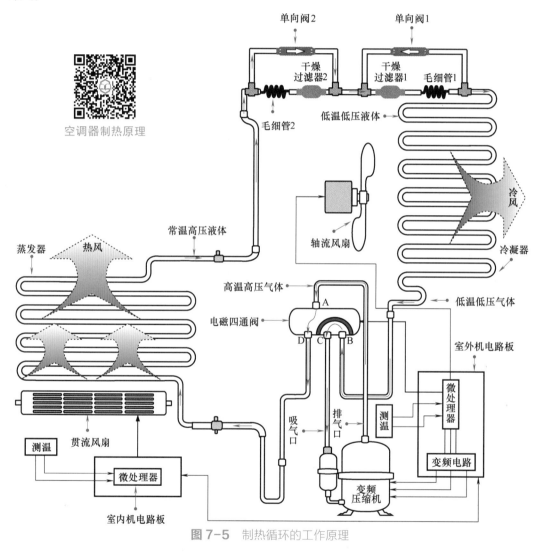

图 7-5 制热循环的工作原理

当空调器进行制热工作时，电磁四通阀通电，滑块移动使管口 A、D 导通，管口 C、B 导通。

制冷剂在变频压缩机中压缩成高温高压的过热蒸汽，由压缩机的排气口排出，再由电磁四通阀的 A 口、D 口送入室内机的蒸发器中。高温高压的过热蒸汽在蒸发器中散热，蒸发器周围空气的温度升高，贯流风扇将热风吹入室内，加速室内空气循环，提高制热效率。

制冷剂散热后变为常温高压的液体，再由液体管从室内机送回室外机中。制冷剂经单向阀 2、干燥过滤器 1 进入毛细管 1 中，制冷剂在毛细管中节流降压为低温低压的制冷剂液体后，进入冷凝器中。制冷剂在冷凝器中吸热汽化，重新变为饱和蒸汽，并由轴流风扇将冷气吹出室外。最后，制冷剂气体再由电磁四通阀的 B 口进入，由 C 口返回压缩机中，如此往复循环，实现制热功能。

7.2　空调器的检修案例

7.2.1　空调器管路泄漏的检修案例

空调器管路泄漏是空调器最常见的故障之一，其主要表现为空调器能正常开机工作，但不制冷。遇到这种情况应按图 7-6 所示，对制冷管路中的压力运行情况进行检测，从而判别是否因管路泄漏造成制冷剂泄漏。

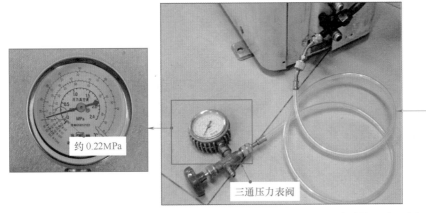

约 0.22MPa

观察故障机室外机的截止阀。二通截止阀结霜，三通截止阀接近常温。检测空调器运行压力仅为 0.22MPa，远远达不到正常的运行压力 0.45MPa，怀疑制冷管路发生制冷剂泄漏

三通压力表阀

图 7-6　根据具体故障表现进行不制冷故障的初步预判

根据压力检测情况初步判断空调器制冷管路存在漏点后，按图 7-7 所示，采用肥皂水检漏法，重点对空调器管路系统中易发生泄漏的部位进行一一排查，直到找到漏点，补焊后，再重新抽真空、充注制冷剂，排除故障。

① 将肥皂水涂抹在二通截止阀和三通截止阀上，无气泡

② 将肥皂水涂抹在压缩机排气管口时，有气泡，且管路附近有油迹

补焊漏点部位

③ 放掉空调器中的制冷剂，使用焊枪对检查出漏点的部位进行补焊

图 7-7　制冷管路泄漏引起不制冷故障的检修

7.2.2 空调器贯流风扇组件故障的检修案例

对于贯流风扇组件的检修，应首先检查贯流风扇扇叶是否变形损坏。若没有发现机械故障，再对贯流风扇驱动电动机（电动机绕组、霍尔元件）进行检查。

将万用表红表笔搭在电动机连接插件的②脚上，黑表笔搭在电动机连接插件的①脚上。将万用表挡位调至 ×100Ω 挡。正常情况下，万用表检测到①、②脚间阻值为 750Ω，②、③脚与①、③脚之间阻值的检测与①、②脚相同。正常情况下，测得②、③脚之间的阻值为 350Ω，①、③脚之间的阻值为 350Ω。若检测到的阻值为零或无穷大，说明该贯流风扇驱动电动机损坏，需进行更换；若经检测正常，则应进一步对其内部霍尔元件进行检测。检测驱动电动机绕组阻值如图 7-8 所示。

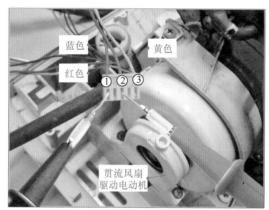

图 7-8 检测驱动电动机绕组阻值

将万用表红表笔搭在霍尔元件连接插件的①脚上，黑表笔搭在霍尔元件连接插件的③脚上，将万用表量程调至 ×100Ω 挡。正常情况下，万用表检测到①、③脚间阻值为 600Ω，①、②脚与②、③脚之间阻值的检测与①、③脚相同。正常情况下，测得①、②脚之间的阻值为 2000Ω，②、③脚之间的阻值为 3050Ω，若检测到的阻值为零或无穷大，则说明该驱动电动机的霍尔元件损坏，需整体更换电动机。检测霍尔元件阻值如图 7-9 所示。

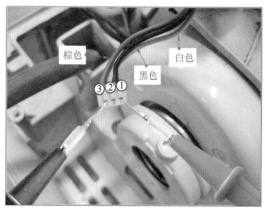

图 7-9 检测霍尔元件阻值

7.2.3 空调器轴流风扇组件故障的检修案例

空调器的轴流
风扇组件

空调器轴流风
扇驱动电动机
的检测

新型空调器的轴流风扇组件主要是由轴流风扇扇叶、轴流风扇驱动电动机以及轴流风扇启动电容组成的。

轴流风扇组件放置在室外，容易堆积大量的灰尘，若有异物进去极易卡住轴流风扇扇叶，导致轴流风扇扇叶运转异常。检修前，可先将轴流风扇组件上的异物进行清理。若轴流风扇扇叶由于变形而无法运转，则需要对其进行更换。

轴流风扇启动电容正常工作是轴流风扇驱动电动机启动运行的基本条件之一。若轴流风扇驱动电动机不启动或启动后转速明显偏慢，应先对轴流风扇启动电容进行检测。若经过检测确定为轴流风扇启动电容本身损坏，引起新型空调器故障，则需要对损坏的轴流风扇启动电容进行更换，在代换之前需要将损坏的轴流风扇启动电容取下。

（1）轴流风扇启动电容的维修方法

首先观察轴流风扇启动电容外壳有无明显烧焦、变形、碎裂、漏液等情况；然后将万用表红、黑表笔分别搭在轴流风扇启动电容的两只引脚上测其电容量，并将万用表功能旋钮置于电容测量挡位。观察万用表显示屏读数，并与轴流风扇启动电容标称容量相比较：实测 2.506μF 近似标称容量 2.5μF，说明轴流风扇启动电容正常；若实测启动电容的电容量与标称电容量相差较大，则说明该电容已经损坏，应进行更换，如图 7-10 所示。

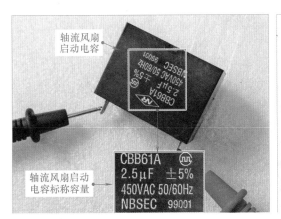

图 7-10 检测启动电容

（2）轴流风扇驱动电动机的维修方法

轴流风扇驱动电动机是轴流风扇组件中的核心部件。在轴流风扇启动电容正常的前提下，若轴流风扇驱动电动机不转或转速异常，则需通过万用表对轴流风扇驱动电动机绕组的阻值进行检测，从而判断轴流风扇驱动电动机是否出现故障。

若经过检测确定为轴流风扇驱动电动机本身损坏，引起新型空调器故障，则需要对损坏的轴流风扇驱动电动机进行代换，在代换之前需要将损坏的轴流风扇驱动电动机取下。

将红表笔搭在轴流风扇驱动电动机的运行绕组端，黑表笔搭在轴流风扇驱动电动机的公共端，正常情况下，可测得公共端和运行端之间的阻值为 232.8Ω，公共端与启动绕阻端之间的阻值为 256.3Ω，运行绕组端与启动绕阻端之间的阻值为 0.489kΩ，且满足其中两组绕组之和等于另一组数值。若检测时发现两个引线端的阻值趋于无穷大，则说明绕组中有断路情况；若三组数值间不满足等式关系，则说明绕组间存在短路，出现上述两种情况均应更换轴流风扇驱动电动机。检测轴流风扇驱动电动机绕组阻值如图 7-11 所示。

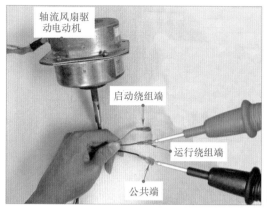

图 7-11　检测轴流风扇驱动电动机绕组阻值

7.2.4　空调器压缩机故障的检修案例

空调器中的变频压缩机多为涡旋式，主要由涡旋盘、吸气口、排气口、电动机以及偏心轴等组成。

对压缩机进行检修时，主要应检测其电动机是否正常。

在检测压缩机电动机绕组之前，需要先使用钢口钳将其端子上的引线拆除。然后将万用表的红、黑表笔分别搭在变频压缩机电动机的任意两个接线柱上，检测供电电压任意两绕组间的阻值。正常情况下，变频压缩机电动机任意两绕组之间的阻值几乎相等，为 1.3Ω 左右；若检测发现变频压缩机电动机绕组阻值为零或无穷大，均说明压缩机损坏，需选择同型号压缩机进行更换。变频压缩机电动机绕组的检测如图 7-12 所示。

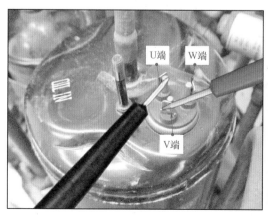

图 7-12　变频压缩机电动机绕组的检测

压缩机出现故障后，空调器可能会出现不制冷（热）、制冷（热）异常、噪声等现象。若怀疑变频压缩机损坏，就需要对变频压缩机进行代换。

如图 7-13 所示，使用焊枪对压缩机排气口和吸气口的连接部位进行加热分离。

图 7-13　压缩机吸气口和排气口连接部位的加热分离

压缩机吸气口和排气口与制冷管路分离后，便可使用扳手拧下压缩机与底座固定的螺栓。然后选择同规格压缩机替换，重新焊接管路。如图 7-14 所示，焊接完毕后，还要进行检漏、抽真空、充注制冷剂等操作，然后再通电试机，故障排除。

图 7-14　焊接新压缩机

7.2.5　空调器电磁四通阀故障的检修案例

电磁四通阀是空调器重要的换向控制部件。它利用导向阀和换向阀的作用改变空调器管路中制冷剂的流向，从而达到切换制冷、制热的目的。

电磁四通阀出现故障后，新型空调器可能会出现制冷 / 制热模式不能切换、制冷（热）效果差等现象。若怀疑电磁四通阀损坏，就需要按照步骤对电磁四通阀进行检测与代换。

对电磁四通阀线圈进行检测时，首先需要将其连接插件拔下，然后将万用表红、黑表笔分别搭在电磁四通阀连接插件的引脚上。正常情况下，万用表测得的阻值约为 1.468kΩ，若阻值差别过大，说明电磁四通阀损坏，需要对其进行更换。电磁四通阀的检测方法如图 7-15 所示。

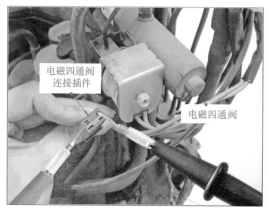

图 7-15 电磁四通阀的检测方法

使用螺丝刀将电磁四通阀上线圈的固定螺钉拧下，然后将线圈从电磁四通阀上取下。之后，使用焊枪分别对电磁四通阀上与压缩机排气管相连的管路，电磁四通阀上与冷凝器相连的管路，电磁四通阀上与压缩机吸气管相连的管路，电磁四通阀上与蒸发器相连的管路进行拆焊操作。操作如图 7-16 所示。

使用焊枪分别对电磁四通阀上与压缩机排气管相连的管路和电磁四通阀上与冷凝器相连的管路进行加热

待加热一段时间后，使用钳子将管路分离

用焊枪对电磁四通阀上与压缩机吸气管相连的管路进行加热

待加热一段时间后使用钳子将管路分离，最后对电磁四通阀上与蒸发器相连的管路进行拆焊操作

图 7-16 电磁四通阀的拆焊操作

7.2.6　空调器变频电路击穿的故障检修案例

变频空调器一次意外断电后，再次开机，空调器开机时运转，但随即停止，室内机显示"无负载"（指示灯全亮）故障代码。这种情况多为变频电路故障。首先，检测变频电路的直流供电电压，实测为 300V 左右，说明供电正常。然后，按图 7-17 所示，继续检测 P、W 端之间的正反向压降，实测结果为零，说明变频模块损坏。选用同型号的变频模块进行代换后，故障被排除。

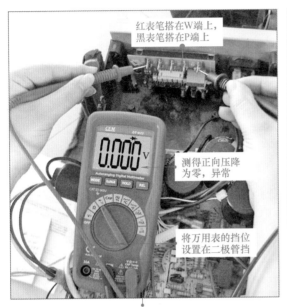

红表笔搭在W端上，黑表笔搭在P端上

测得正向压降为零，异常

将万用表的挡位设置在二极管挡

使用数字式万用表检测P、W端之间的正向压降异常

红表笔搭在P端上，黑表笔搭在W端上

测得反向压降也为零，异常

检测P、W端之间的反向压降也不正常，怀疑功率模块内部存在击穿故障

图 7-17　检测变频模块 P、W 之间的电压

7.2.7　空调器遥控失灵的故障检修案例

变频空调器遥控失灵，但能够通过强制模式开机。这种情况，应重点检查遥控器和遥控接收电路。

首先，确认遥控器功能是否正常，如图 7-18 所示，可以借助手机的照相功能快速检查遥控器。即把遥控器的红外光朝向手机镜头，按动遥控器按钮，如果能够通过手机照相功能在屏幕上看到红外光线，基本说明遥控器是正常的。

遥控器正常，表明故障出在空调器室内机的遥控接收电路部分。对变频空调器室内机中的遥控接收电路进行检测。其中，遥控接收电路上的遥控接收器的故障概率很高，检查时，可首先从遥控接收器入手进行检测，若属于遥控接收器的故障，则直接替换即可。

图 7-19 为对遥控接收器信号输出端电压的检测方法。

通常用肉眼很难观察到红外光线

遥控器

手机

通过手机的照相功能可以清楚地观察到红外发光二极管发出的红外光

图 7-18 遥控器的简便检查方法

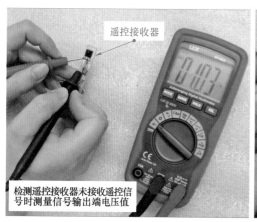
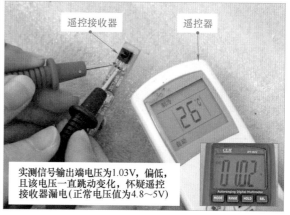

遥控接收器

遥控接收器

遥控器

检测遥控接收器未接收遥控信号时测量信号输出端电压值

实测信号输出端电压为1.03V，偏低，且该电压一直跳动变化，怀疑遥控接收器漏电（正常电压值为4.8~5V）

图 7-19 遥控接收器信号输出端电压的检测方法

经检测发现遥控接收器损坏，接下来将损坏的遥控接收器从遥控接收电路上拆卸下来，并选择相匹配的遥控接收器直接替换就可以了。

7.2.8 空调器整机不工作的故障检修案例

变频空调器接通电源后空调器无反应，整机不工作，使用强制开机方式，空调器均无反应。此时，可以先将导风板扳到中间位置，然后通电，观察导风板是否能够自动关闭，如能够关闭，说明控制电路直流 12V 和 5V 电压正常。

而通电后发现导风板无任何反应，基本锁定故障在电源电路部分。拆卸室内机电源电路。检测降压变压器二次侧的输出电压，如图 7-20 所示，正常时应能检测到约 11V 的交流低压。实测无电压输出，再检测降压变压器输入的电压，有约 220V 交流电压。说明降压变压器损坏。

断电拆卸降压变压器，再次通过阻值检测法进行核查。如图 7-21 所示，降压变压器一次侧绕组阻值为无穷大，确认降压变压器损坏。选用同型号降压变压器代换，重新安装好电路板，开机试机，故障排除。

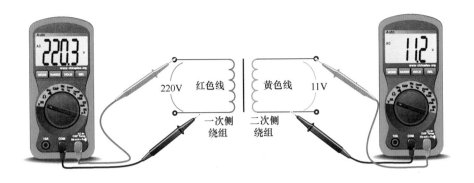

图 7-20　降压变压器的电压检测

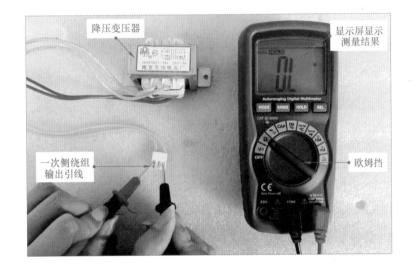

图 7-21　降压变压器绕组的阻值检测

8

第 8 章
电冰箱维修

8.1　电冰箱的结构原理

电冰箱管路系统的
主要部件

8.1.1　电冰箱的结构

图 8-1 为典型电冰箱内部的结构组成和主要部件。其主要部件包括全封闭式压缩机、冷

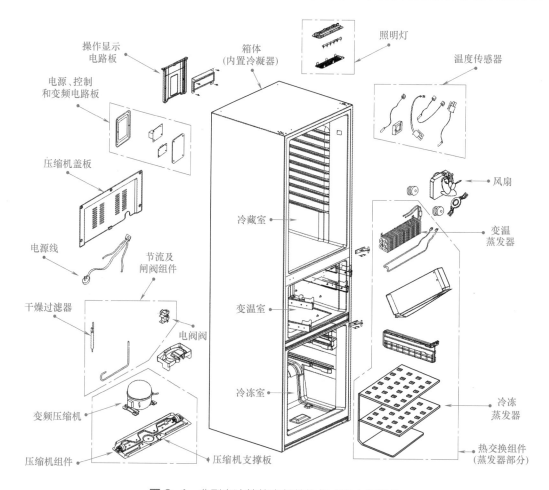

图 8-1　典型电冰箱的内部结构组成和主要部件

凝器、干燥过滤器、毛细管、蒸发器、温度传感器及控制电路等。

如图 8-2 所示，普通电冰箱的电路结构（电气系统）较为简单，主要由压缩机启动装置、保护装置、温度控制器、照明灯、门开关及其他部件构成连接关系。

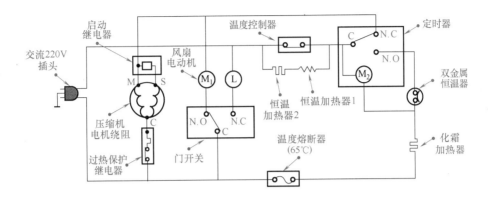

图 8-2　普通电冰箱的电路结构

工作时，交流 220V 电压通过启动继电器线圈、压缩机运行绕组 CM 及过热保护继电器形成回路，产生 6 ～ 10A 的大电流。这个大电流使启动继电器衔铁吸合（吸合电流为 2.5A），带动启动继电器常开触点接通，压缩机启动绕组 CS 产生电流，形成磁场，从而驱动转子旋转。压缩机转速提高后，在反电动势作用下，电路中电流下降，当下降到不足以吸合衔铁时（释放电流为 1.9A），启动继电器常开触点断开，启动绕组停止工作，电流降到额定电流（1A 左右），压缩机正常运转。

当压缩机内电动机过流或压缩机壳体温度过高时，过热保护继电器触点会从常闭状态自动转入断开状态，切断压缩机供电，使压缩机停止工作，从而实现保护。

8.1.2　电冰箱的原理

电冰箱主要通过制冷剂循环，实现电冰箱与外界的热交换，再通过冷气循环加速电冰箱的制冷效率。

图 8-3 为新型电冰箱的制冷剂循环原理。压缩机工作后，将内部制冷剂压缩成高温高压的过热蒸汽，然后从压缩机的排气口排出，进入冷凝器。制冷剂通过冷凝器将热量散发给周围的空气，使得制冷剂由高温高压的过热蒸汽冷凝为常温高压的液体，然后经干燥过滤器后进入毛细管。制冷剂在毛细管中被节流降压为低温低压的制冷剂液体后，进入蒸发器。在蒸发器中，低温低压的制冷剂液体吸收箱室内的热量而汽化为饱和气体，这就达到了吸热制冷的目的。最后，低温低压的制冷剂气体经压缩机吸气口进入压缩机，开始下一次循环。

电冰箱多采用微处理器进行控制，其工作流程如图 8-4 所示。

微处理器（CPU）是一个具有很多引脚的大规模集成电路，其主要特点是可以接收人工指令和传感信息，遵循预先编制的程序自动进行工作。冷藏室和冷冻室的温度检测信息随时送给微处理器，人工操作指令利用操作显示电路也送给微处理器，微处理器收到这些信息后，便可对继电器、风扇电机、化霜加热器、照明灯等进行自动控制。

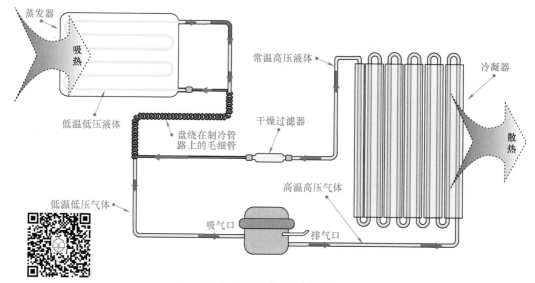

低温低压气体

电冰箱的制冷
原理

图8-3 新型电冰箱的制冷剂循环原理

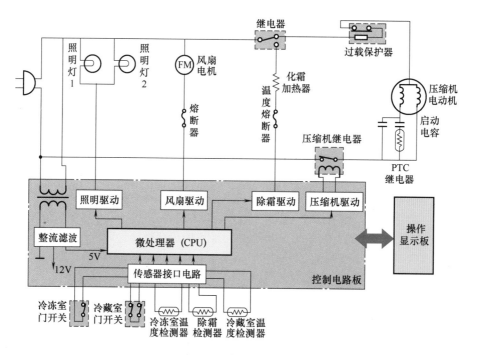

图8-4 典型智能电冰箱电路系统的工作流程图

电冰箱室内设置的温度检测器（温度传感器）将温度的变化变成电信号送到微处理器的传感信号输入端，当电冰箱内的温度到达预定的温度时电路便会自动进行控制。

微处理器对继电器、电机、照明灯等元件的控制需要有接口电路或转换电路。接口电路将微处理器输出的控制信号转换成控制各种器件的电压或电流。

操作电路是人工指令的输入电路，通过这个电路，用户可以对电冰箱的工作状态进行设置。例如温度设置，化霜方式等都可由用户进行设置。

8.2　电冰箱的检修案例

8.2.1　电冰箱化霜故障的检修案例

电冰箱通电后，制冷正常，但一段时间后自动开始化霜，且化霜持续很长时间，箱室内壁很热，再次制冷后便不再化霜，说明化霜电路部分中的检测元件可能存在故障。由于化霜电路长时间工作，可能使化霜熔断器熔断或加热器烧毁，造成电冰箱之后不能进行化霜工作。图 8-5 所示为待修电冰箱（春兰 BCD-230WA 型）的化霜电路。

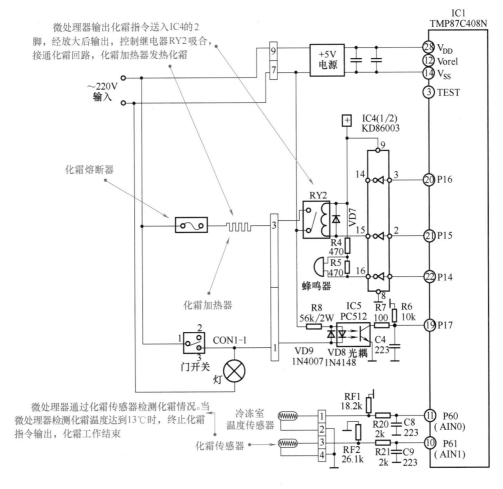

图 8-5　春兰 BCD-230WA 型电冰箱的化霜电路

该电冰箱的各种工作是由微处理器进行控制的，当压缩机累计运行 7h，微处理器由 21 脚输出化霜指令并送入 IC4 的 2 脚，经放大后由 15 脚输出，控制继电器 RY2 吸合，接通化霜加热器的供电电路，化霜加热器发热化霜。与此同时，微处理器通过与其 10 脚连接的化霜传感器,检测化霜情况。化霜传感器(热敏电阻)将不同的温度转换成电信号,传送回CPU中。当微处理器检测化霜温度达到13℃时,21脚终止化霜指令输出,化霜工作结束。

在对该电路进行排查时,应对各主要部件进行检测,先对化霜传感器进行检测,确认其良好后,再对化霜熔断器和加热器等进行检测。

检修过程:根据以上检修分析,先对化霜传感器进行检测,如图 8-6 所示。

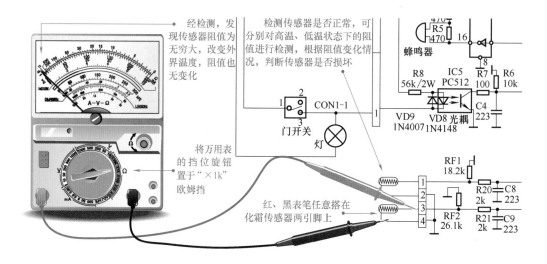

图 8-6 化霜传感器的检测

检测结果:发现传感器阻值始终为无穷大,说明传感器已损坏,对其进行代换后,再对化霜熔断器进行检测,如图 8-7 所示。

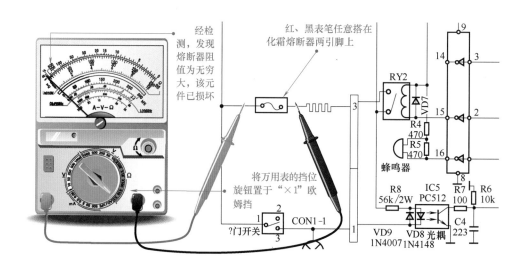

图 8-7 化霜熔断器的检测

检测发现化霜熔断器阻值为无穷大,说明熔断器已烧断,对其进行代换后,故障排除。

8.2.2　电冰箱保护继电器故障的检修案例

保护继电器是变频压缩机的重要保护器件，一般安装在变频压缩机接线端子附近。当变频压缩机温度过高时，便会断开内部触点，控制电路检测到保护继电器的触点状态，就会切断变频压缩机的供电，对变频压缩机起到保护作用。

对于保护继电器的检测，可使用万用表测量待测保护继电器触点的阻值，然后将万用表测量的实测值与正常值进行比较，即可完成对保护继电器的检测。

（1）对常温状态下的待测保护继电器进行检测

将万用表的表笔分别搭在保护继电器的两引脚上，常温状态下万用表测得的阻值接近于零，若阻值过大，则保护继电器损坏，应进行更换，如图 8-8 所示。

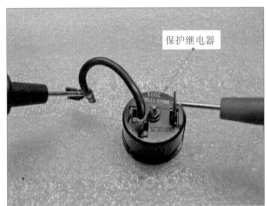

图 8-8　常温状态下的保护继电器的检测方法

（2）对高温状态下的待测保护继电器进行检测

将万用表的表笔分别搭在保护继电器的两引脚上，电烙铁靠近保护继电器的底部，高温情况下，万用表测得的阻值应为无穷大，若不是，则保护继电器损坏，应进行更换，如图 8-9 所示。

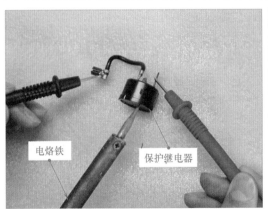

图 8-9　高温状态下保护继电器的检测方法

若保护继电器损坏，变频压缩机会出现不启动或过载烧毁等情况，此时就需要根据损坏的保护继电器的规格选择适合的保护继电器进行更换。

8.2.3 电冰箱温度传感器故障的检修案例

电冰箱通常采用温度传感器（热敏电阻）对箱室温度、环境温度等进行检测，控制电路根据温度对新型电冰箱的制冷进行控制。

对于温度传感器的检测，可使用万用表测量温度传感器在不同温度下的阻值，然后将万用表测量的实测值与正常值进行比较，即可完成对温度传感器的检测。

（1）对放在冷水中的温度传感器阻值进行检测

首先将温度传感器放入冷水中，然后分别将万用表的红、黑表笔搭在该温度传感器插件的对应两引脚上，正常情况下，万用表测得的阻值应比常温状态下大，若阻值无变化或变化量很小，说明该温度传感器可能已损坏，如图 8-10 所示。

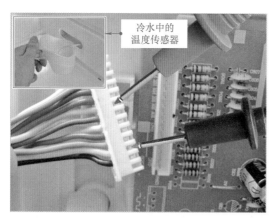

图 8-10 冷水中的温度传感器阻值的检测方法

（2）对放在热水中的温度传感器阻值进行检测

首先将温度传感器放入热水中，然后分别将万用表的红、黑表笔搭在该温度传感器插件的对应两引脚上。正常情况下，万用表测得的阻值应比常温状态下小，若阻值无变化或变化量很小，说明该温度传感器可能已损坏，如图 8-11 所示。

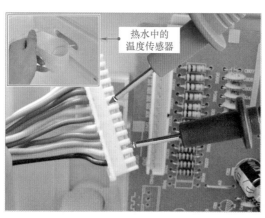
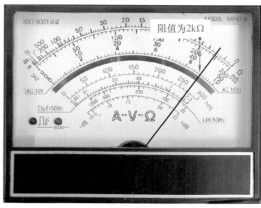

图 8-11 热水中的温度传感器阻值的检测方法

若温度传感器损坏，电冰箱的制冷将会出现异常情况，此时就需要根据损坏的温度传感器的规格选择适合的元件进行更换。

8.2.4　电冰箱压缩机故障的检修案例

压缩机是电冰箱制冷系统中的关键部件。对压缩机的检测，可使用万用表测量待测变频压缩机三个接线端之间的阻值，然后将万用表测量的实测值与正常值进行比较，即可完成对变频压缩机的检测。

（1）检测变频压缩机一组接线端之间的阻值

将万用表的红、黑表笔分别搭在变频压缩机的 U-V 两接线端上，正常情况下，万用表可测得一定的阻值，若阻值为零或无穷大，说明压缩机损坏，需进行更换，如图 8-12 所示。

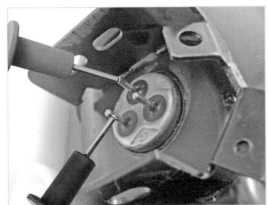

图 8-12　变频压缩机一组接线端之间的阻值检测方法

（2）检测变频压缩机另两组接线端之间的阻值

将万用表的红、黑表笔分别搭在变频压缩机的 U-W 和 V-W 两组绕组接线端上。正常情况下，三组绕组之间的阻值应相同，若阻值差别较大，说明压缩机损坏，如图 8-13 所示。

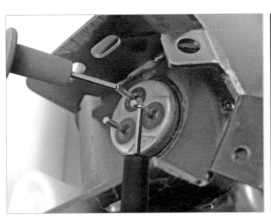

图 8-13　变频压缩机另两组接线端之间的阻值检测方法

若电冰箱中的压缩机损坏，就需要选用型号相同的变频压缩机进行代换，通常压缩机固定在电冰箱的底部，并且与制冷管路连接密切，因此，拆卸压缩机首先要将管路断开，然后再设法将压缩机取出。

点燃焊枪后，首先对压缩机排气口的焊接部位进行加热，待加热一段时间后，用钳子将排气口与冷凝器管路分离，然后用同样方法，将压缩机吸气口与蒸发器管路分离。操作如图 8-14 所示。

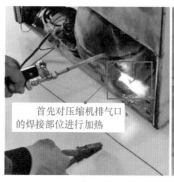
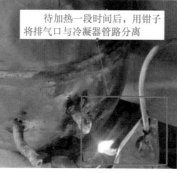
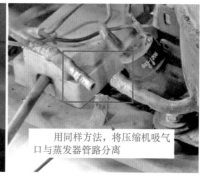

图 8-14 拆卸压缩机冷凝器管路及蒸发器管路

电冰箱压缩机的
拆卸代换

之后，使用扳手将压缩机底部与电冰箱底板固定的四个螺栓分别拧下，便可将损坏的压缩机从电冰箱底部取出，重新安装新的压缩机。待固定牢固，重新焊接连接管路即可。

8.2.5 电冰箱节流及闸阀组件损坏的检修案例

电冰箱中节流及闸阀组件的故障多为堵塞或泄漏。该系统组件出现故障需选择同规格组件进行代换。

（1）毛细管的维修方法

毛细管是非常细的铜管，呈盘曲状，被安装在干燥过滤器和蒸发器之间，毛细管又细又长，增强了制冷剂在制冷管路中流动的阻力，从而起到节流降压作用。

若新型电冰箱压缩机处于工作状态，无法停机，倾听蒸发器，没有制冷剂流动的声音，过一段时间开始结霜，触摸冷凝器，不热，则怀疑毛细管堵塞。

可首先用手触摸干燥过滤器与毛细管的接口处，感应温度与室温差不多或低于室温，初步确定毛细管脏堵；接着将毛细管与干燥过滤器连接处断开，若有大量制冷剂从干燥过滤器中喷出来，可进一步确定毛细管脏堵，若毛细管阻塞严重，应进行更换。

首先使用气焊设备将毛细管与干燥过滤器的焊接处焊开，将与毛细管相连的蒸发器从冷冻室中取出，如图 8-15 所示。

然后将与蒸发器连接的毛细管从箱体中抽出，再使用钳子将毛细管与蒸发器连接处剪断，即可完成对毛细管的拆卸。

接下来，分别完成毛细管与干燥过滤器、毛细管与蒸发器管口的焊接。具体操作如图 8-16 所示。

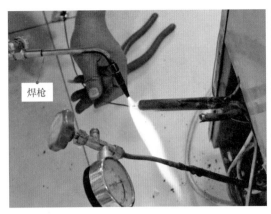

图 8-15　将蒸发器从冷冻室取出

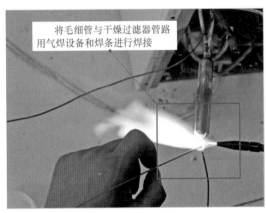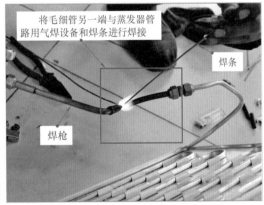

图 8-16　焊接代换毛细管

（2）干燥过滤器的维修方法

干燥过滤器是新型电冰箱中的过滤器件，主要用于吸附和过滤制冷管路中的水分和杂质，入口端过滤网（粗金属网）用于将制冷剂中的杂质粗略滤除，出口端过滤网（细金属网）用于滤除制冷剂中的杂质。干燥过滤器的入口端与冷凝器相连，出口端连接毛细管。

对干燥过滤器的检测，可通过倾听蒸发器和压缩机的运行声音，触摸冷凝器的温度以及观察干燥过滤器表面是否结霜进行判断。

将变频电冰箱启动，待变频压缩机运转工作后，用手触摸冷凝器，若发现冷凝器温度由开始发热而逐渐变凉，则说明干燥过滤器有故障。正常情况下冷凝器温度由进气口到出气口处逐渐递减。

若干燥过滤器损坏，容易造成制冷系统堵塞，此时就需要根据损坏的干燥过滤器的大小选择同规格的干燥过滤器进行更换。

首先将焊枪发出的火焰对准干燥过滤器与毛细管的焊接处，利用中性火焰将干燥过滤器与毛细管分离；接着将焊枪发出的火焰对准干燥过滤器与冷凝器管路的焊接处，使用钳子夹住损坏的干燥过滤器，利用中性火焰将干燥过滤器与冷凝器管路分离，如图 8-17 所示。

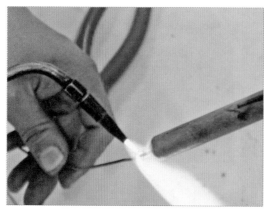

图 8-17 干燥过滤器的拆焊方法

干燥过滤器的代换

提示

　　将损坏的干燥过滤器拆下后，要对冷凝器和毛细管的管口进行切管处理，确保连接管口平整光滑，然后再焊接新的干燥过滤器，否则极易造成管路堵塞。

　　处理好管口，将新的干燥过滤器与冷凝器管路对插，将干燥过滤器的入口端与冷凝器出气口管路焊接，干燥过滤器的出口端与毛细管焊接。操作如图 8-18 所示。

点燃焊枪，焊枪发出的火焰对准干燥过滤器与冷凝器出气口管路的焊接处，当焊接处被加热至暗红色时，将焊条放置到焊口处，熔化的焊条均匀地包围在焊接处，完成干燥过滤器与冷凝器出气口管路的焊接

将焊枪发出的火焰对准干燥过滤器与毛细管的连接处，当焊接处被加热至暗红色时，将焊条放置到焊口处，熔化的焊条均匀地包围在焊接口处，完成干燥过滤器与毛细管的焊接

图 8-18 干燥过滤器焊接

8.2.6　电冰箱电源电路故障的检修案例

　　电源电路是电冰箱中的关键电路，若该电路出现故障经常会引起电冰箱开机不制冷、压缩机不工作、无显示等现象。对该电路进行检修时，可依据故障现象分析出产生故障的原因，并根据电源电路的信号流程对可能产生故障的部件逐一进行排查。

　　图 8-19 为电冰箱电源电路的检修流程和检修部位。

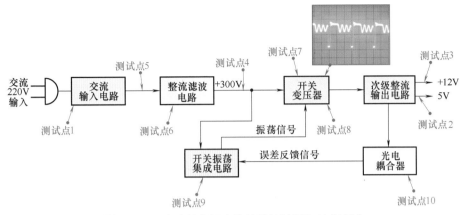

图 8-19 电冰箱电源电路的检修流程和检修部分

当电冰箱的电源电路出现故障后，应根据其电路结构和信号流程进行分析，再按照基本检修流程，对可能发生故障的元器件进行检修。

测试点 1：检测交流输入电路中的熔断器及热敏电阻器是否正常。

测试点 2：检测输出的各路低压直流电源是否正常。

测试点 3：若只有一路无低压直流电源输出，则需对次级整流电路中的整流二极管进行检测。

测试点 4：若没有任何低压直流电源输出，则应检测整流滤波电路输出的 +300V 电压。

测试点 5：若无 +300V 电压输出，应对整流电路中的桥式整流堆进行检测。

测试点 6：若无 +300V 电压输出，应对滤波电路中的 +300V 滤波电容进行检测。

测试点 7：检测开关变压器是否有感应脉冲信号波形。

测试点 8：若开关变压器无感应脉冲信号波形，则说明开关振荡电路或开关变压器本身可能损坏，需要对其进行更换。

测试点 9：若开关变压器无感应脉冲信号波形，则说明开关振荡集成电路可能损坏，需要对其进行检测。

测试点 10：若输出电压不稳，应检查稳压电路，重点检查光电耦合器有无损坏。

> **提示**
>
> 当电源电路出现故障时，可首先采用观察法检查电源电路的主要元器件有无明显损坏迹象，如观察熔断器有无断开、炸裂或烧焦的迹象；其他主要元器件有无脱焊或插接不良的现象；互感滤波器线圈有无脱焊，引脚有无松动；+300V 滤波电容有无爆裂、鼓包等现象。如出现上述情况则应立即更换损坏的元器件。

8.2.7 电冰箱操作显示电路故障的检修案例

操作显示电路是电冰箱中的人机交互部分，若该电路出现故障经常会引起控制失灵、显示异常等现象，对该电路进行检修时，可依据故障现象分析出产生故障的原因，并根据操作显示电路的信号流程对可能产生故障的部件逐一进行排查。

图 8-20 为电冰箱操作显示电路的检修流程和检修部位。

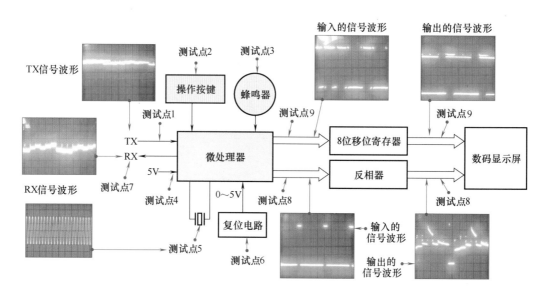

图 8-20 电冰箱操作显示电路的检修流程和检修部分

当电冰箱的操作显示电路出现故障后，应根据其电路结构和信号流程进行分析，再按照基本检修流程，对可能发生故障的元器件进行检修。

测试点 1：检测送入操作显示电路微处理器的 TX 信号是否正常。

测试点 2：检测操作按键自身的性能是否良好。

测试点 3：检测蜂鸣器自身的性能是否良好。

测试点 4：检测微处理器的 5V 供电电压是否正常。

测试点 5：检测晶振信号波形是否正常。

测试点 6：检测送入微处理器的复位信号是否正常。

测试点 7：检测操作显示电路微处理器送出的 RX 信号是否正常。

测试点 8：检测反相器输入输出的信号波形是否正常。

测试点 9：检测 8 位移位寄存器输入输出的信号波形是否正常。

8.2.8 电冰箱控制电路故障的检修案例

控制电路是电冰箱中的关键电路，若该电路出现故障经常会引起电冰箱不启动、不制冷、控制失灵、显示异常等现象，对该电路进行检修时，可依据故障现象分析出产生故障的原因，并根据控制电路的信号流程对可能产生故障的部件逐一进行排查。

图 8-21 为电冰箱控制电路的检修流程和检修部位。

当电冰箱的控制电路出现故障后，应根据其电路结构和信号流程进行分析，再按照基本检修流程，对可能发生故障的元器件进行检修。

测试点 1：检测微处理器接收的 RX 信号是否正常。

测试点 2：检测温度传感器是否正常。

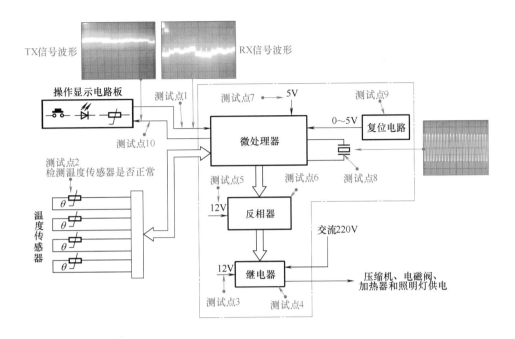

图 8-21 电冰箱控制电路的检修流程和检修部分

测试点 3：检测继电器的供电电压是否正常。

测试点 4：检测继电器是否正常。

测试点 5：检测反相器的供电电压是否正常。

测试点 6：检测反相器是否正常。

测试点 7：检测微处理器的 5V 供电电压是否正常。

测试点 8：检测晶振信号波形是否正常。

测试点 9：检测送入微处理器的复位信号是否正常。

测试点 10：检测微处理器输出的 TX 信号是否正常。

8.2.9　电冰箱变频电路故障的检修案例

变频电路出现故障经常会引起电冰箱出现不制冷、制冷效果差等现象，对该电路进行检修时，可依据变频电路的信号流程对可能产生故障的部位进行逐级排查。

图 8-22 为电冰箱变频电路的检修流程和检修部位。

当电冰箱的变频电路出现故障后，应根据其电路结构和信号流程进行分析，再按照基本检修流程，对可能发生故障的元器件进行检修。

测试点 1：检测变频电路输出的变频压缩机驱动信号是否正常。

测试点 2：检测电源电路板送来的直流供电电压是否正常。

测试点 3：检测主控电路板送来的 PWM 驱动信号是否正常。

测试点 4：检测 IGBT 是否正常。

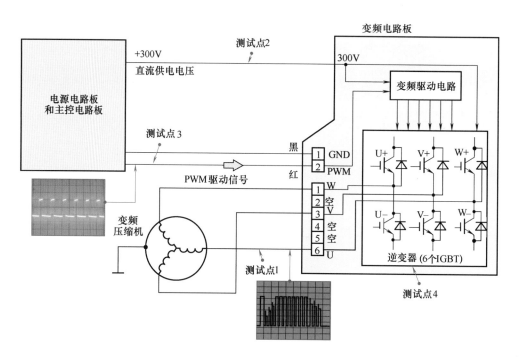

图 8-22 电冰箱变频电路的检修流程和检修部分

提示

当变频电路出现故障时，可首先采用观察法检查变频电路的主要元器件有无明显损坏或元器件脱焊、插口不良等现象，如出现上述情况则应立即更换或检修损坏的元器件。

9

第9章
洗衣机维修

9.1　洗衣机的结构原理

9.1.1　洗衣机的结构

（1）波轮式洗衣机的结构

波轮式洗衣机是由电动机通过传动机构带动波轮做正向和反向旋转（或单向连续转动），利用水流与洗涤物的摩擦和冲刷作用进行洗涤的。图9-1为典型波轮式洗衣机的内部结构。

（2）滚筒式洗衣机的结构

图9-2为典型滚筒式洗衣机外壳和机架的结构分解图。从图中可以看出，该部分是由上盖、箱体组件、主盖组件、门组件、门夹组件、电源线、抗干扰器组件、水位开关、调整脚组件、排水管组件等部分组成的。

9.1.2　洗衣机的原理

（1）波轮式洗衣机的工作原理

波轮式洗衣机主要利用波轮洗涤的方式进行洗涤。图9-3为典型波轮式洗衣机的整机电路图，波轮式洗衣机各部件的协调工作都是通过主控电路实现控制的。

接通波轮式洗衣机的电源，按下电源开关后，交流220V电压经保险丝，直流稳压电路为洗涤电动机、排水电磁阀、进水电磁阀等进行供电，时钟晶体X1为微处理器提供晶振信号。市电220V经直流稳压电路，为水位开关、微处理器提供5V工作电压。

① 进水控制　设定洗衣机洗涤时的水位高度，水位开关闭合，将水位高度信号送往微处理器IC1的14脚水位高低信号端F1上，同时微处理器IC1的1脚输出驱动信号，经电阻器R17后，输入到晶体管VQ3的基极引脚处，使晶体管VQ3导通，从而触发双向晶闸管TR3导通，进水电磁阀Ⅳ开始工作，洗衣机开始进水，当水位开关检测到设定好的高度时，水位开关内部触点断开，进水电磁阀Ⅳ停止工作。

② 洗涤控制　进水电磁阀Ⅳ停止工作后，微处理器IC1的28脚和29脚输出洗涤驱动信号，分别经电阻器R15、R16后，输入到晶体管VQ1、VQ2的基极引脚处，使晶体管VQ1、VQ2导通，进而触发双向晶闸管TR1、TR2导通，洗涤电动机开始工作，同时带动波轮运转，实现洗涤功能。

波轮式洗衣机的
内部结构

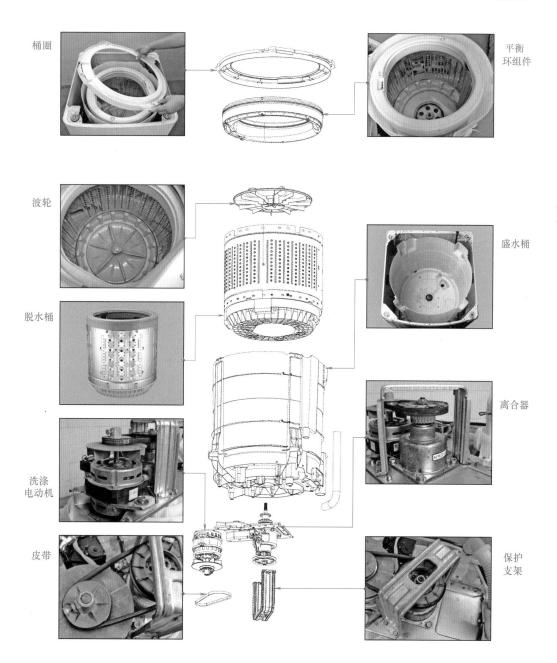

图 9-1 典型波轮式洗衣机的内部结构

滚筒式洗衣机的
内部结构

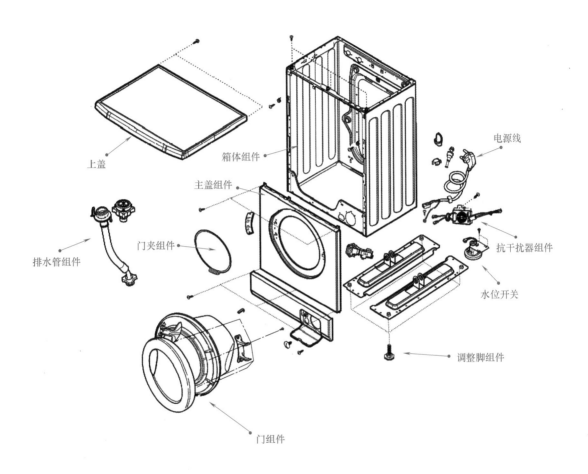

图 9-2　典型滚筒式洗衣机外壳和机架的结构分解图

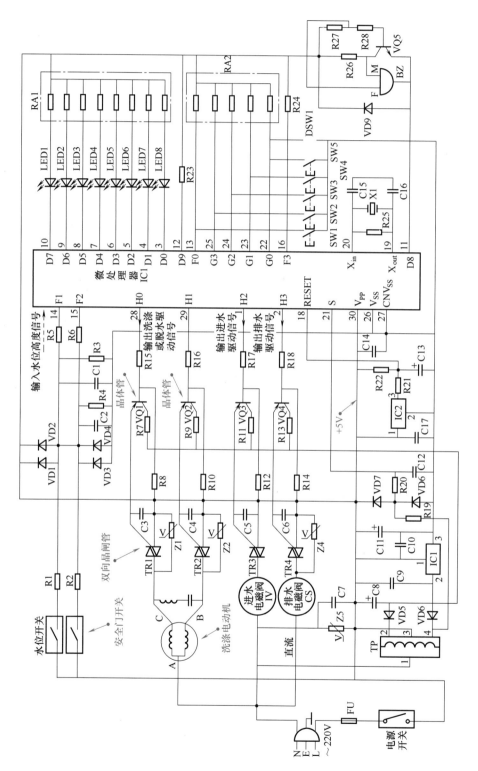

图 9-3 典型波轮式洗衣机的整机电路图

③ 排水控制　衣物洗涤完成后，微处理器 IC1 控制洗涤电动机停止转动，同时微处理器 IC1 的 2 脚输出排水驱动信号，经电阻器 R18 后，输入到晶体管 VQ4 的基极引脚处，使晶体管 VQ4 导通，进而触发双向晶闸管 TR4 导通，排水电磁阀 CS 开始工作，洗衣机开始排水工作。

④ 脱水控制　当洗衣机排水完成后，由微处理器 IC1 的 28 脚和 29 脚输出脱水驱动信号，分别驱动晶体管 VQ1、VQ2 和双向晶闸管 TR1、TR2 导通。使洗涤电动机单向旋转，进行脱水工作，脱水完毕后，微处理器 IC1 控制排水电磁阀 CS 和洗涤电动机停止工作。

波轮式洗衣机操作控制面板上的指示灯在洗衣机不同的工作状态时，均有不同的指示，当洗衣机脱水完成后，蜂鸣器输出提示音，提示洗衣机洗涤的衣物完成。提示完后，操作控制面板上的指示灯全部熄灭，完成衣物的洗涤工作。

（2）滚筒式洗衣机的工作原理

滚筒式洗衣机主要是将衣物盛放在滚筒内，部分浸泡在水中，在电动机带动滚筒转动时，由于滚筒内有突起，可以带动衣物上下翻滚，从而达到洗涤衣物的目的。

滚筒式洗衣机各部件的协调工作也是通过主控电路实现控制的，图 9-4 所示为典型滚筒式洗衣机的控制原理图。

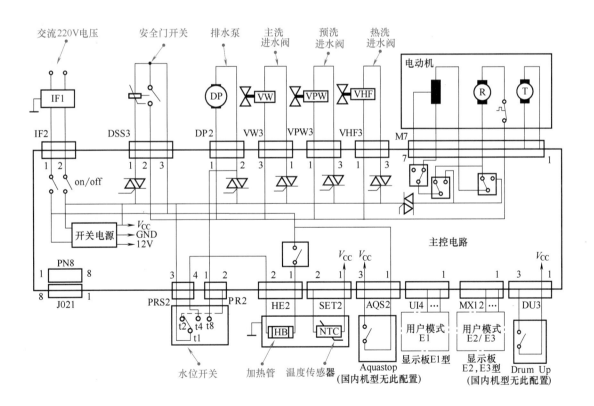

图 9-4　典型滚筒式洗衣机的控制原理图

交流 220V 电压经接插件 IF1 和 IF2 为洗衣机的主控板上的开关电源部分供电，开关电源工作后，输出直流电压 V_{CC} 为洗衣机的整个工作系统提供工作条件。

① 进水控制　主洗进水阀 VW、预洗进水阀 VPW 和热水进水阀 VHF 构成进水系统，通过主控电路板的控制对洗涤的衣物进行加水，当水位到达预设高度时，水位开关内部触点动作，为主控电路输入水位高低信号，并由主控电路输出控制进水电磁阀停止的信号，进水电磁阀停止进水。

② 洗涤控制　滚筒式洗衣机进水完成后，若所加的水是凉水，则对凉水进行加热，这个功能是通过加热管 HB 和温度传感器 NTC 共同完成的，设定好预设温度后，主控电路便控制加热管开始对冷水进行加热工作，当温度达到预设值时，温度传感器 NTC 将温度检测信号送入主控电路中，由主控电路驱动电动机启动，进行洗涤工作。

③ 排水控制　排水泵 DP 是排水系统的主要部件，主要用于将洗完衣物后滚筒内的水排出，和进水系统的工作正好相反。当洗涤完成后，主控电路控制洗涤系统停止工作，同时控制排水泵 DP 进行工作，将滚筒内的水通过出水口排放到滚筒式洗衣机外。

④ 脱水控制　排水完成后，主控电路控制洗衣机自动进入到脱水工作，洗涤电机带动内桶高速旋转，衣物上吸附的水分在离心力的作用下，通过内桶壁上的排水孔甩出桶外，实现滚筒式洗衣机的脱水功能。

滚筒式洗衣机工作过程中，操作显示面板上会有不同的状态指示。当洗衣机脱水完成后，便完成了衣物的洗涤工作。其中安全门开关在滚筒式洗衣机中起到保护作用，在洗衣机工作状态下，安全门是不能打开的，当洗衣机停止运转时，才可打开洗衣机的仓门。

9.2　洗衣机的检修案例

9.2.1　洗衣机功能部件供电电压的检修案例

检测洗衣机是否正常时，可对怀疑故障的主要部件进行逐一检测，并判断出所测部件的好坏，从而找出故障原因或故障部件，排除故障。

洗衣机中各功能部件工作，都需要在控制电路控制的前提下，才能接通电源工作，因此可用万用表检测各功能部件的工作电压来寻找故障线索。

各功能部件的供电引线与控制电路板连接，因此可在控制电路板与部件的连接接口处检测电压值，如进水电磁阀供电电压、排水组件供电电压、电动机供电电压等，这里以进水电磁阀供电电压的检测为例进行介绍。

进水电磁阀供电电压的检测如图 9-5 所示。

若经检测交流供电正常，进水电磁阀仍排水异常，则多为进水电磁阀本身故障，应进行进一步检测或更换进水电磁阀；若无交流供电或交流供电异常，则多为控制电路故障，应重点检查进水电磁阀驱动电路（即双向晶闸管和控制线路其他元件）、微处理器等。

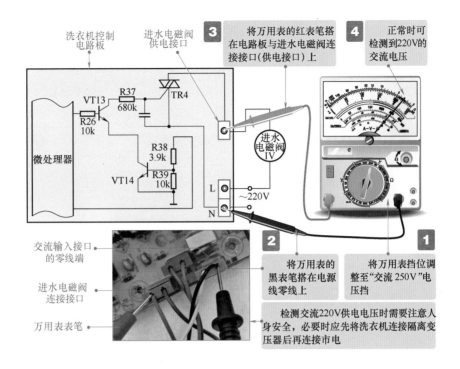

图 9-5　进水电磁阀供电电压的检测

💡 **提示**

　　对洗衣机进水电磁阀的供电电压进行检测时，需要使洗衣机处于进水状态下。要求洗衣机中的水位开关均处于初始断开状态（水位开关断开，微处理器输出高电平信号，进水电磁阀得电工作，开始进水；水位开关闭合，微处理器输出低电平信号，进水电磁阀失电，停止进水），并按动洗衣机控制电路上的启动按键，为洗衣机创造进水状态条件。

　　另外值得注意的是，如果检修洗衣机为波轮式洗衣机，进水状态下，安全门开关的状态大多不影响进水状态，即安全门开关开或关时，洗衣机均可进水；如果检修洗衣机为滚筒式洗衣机，则若想要使洗衣机处于进水状态，除满足水位开关状态正确，输入启动指令外，还必须将安全门开关（电动门锁）关闭，否则洗衣机无法进入进水状态。

9.2.2　洗衣机电动机的故障检修案例

　　洗衣机电动机出现故障后，通常引起洗衣机不洗涤、洗涤异常或脱水异常等故障，在使用万用表检测的过程中，可通过万用表检测电动机绕组阻值的方法判断好坏。

　　洗衣机电动机的检测如图 9-6 所示。一般来说，启动端与运行端之间的阻值约等于公共端与启动端之间的阻值加上公共端与运行端之间的阻值。

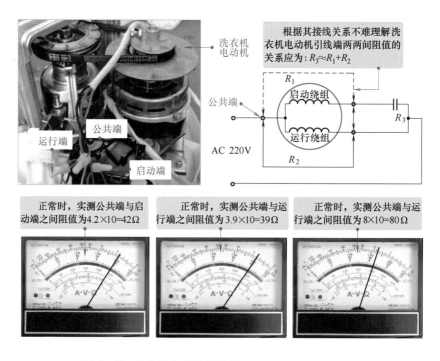

根据其接线关系不难理解洗衣机电动机引线端两两间阻值的关系应为：$R_3 \approx R_1 + R_2$

洗衣机电动机

公共端

运行端

启动端

R_1

启动绕组

公共端

AC 220V

运行绕组

R_2

R_3

正常时，实测公共端与启动端之间阻值为4.2×10=42Ω

正常时，实测公共端与运行端之间阻值为3.9×10=39Ω

正常时，实测公共端与运行端之间阻值为8×10=80Ω

图9-6　洗衣机电动机的检测

9.2.3　洗衣机进水电磁阀的故障检修案例

洗衣机进水电磁阀出现故障后，常引起洗衣机不进水、进水不止或进水缓慢等故障，在使用万用表检测的过程中，可通过对进水电磁阀内线圈阻值的检测来判断好坏。

洗衣机进水电磁阀的检测如图9-7所示。

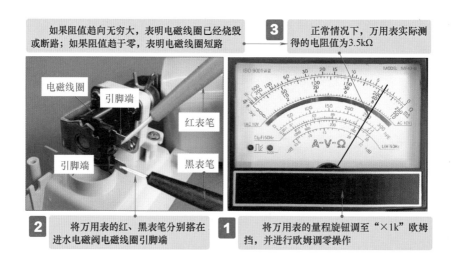

如果阻值趋向无穷大，表明电磁线圈已经烧毁或断路；如果阻值趋于零，表明电磁线圈短路

3 正常情况下，万用表实际测得的电阻值为3.5kΩ

电磁线圈

引脚端

红表笔

黑表笔

引脚端

2 将万用表的红、黑表笔分别搭在进水电磁阀电磁线圈引脚端

1 将万用表的量程旋钮调至"×1k"欧姆挡，并进行欧姆调零操作

图9-7　洗衣机进水电磁阀的检测

9.2.4　洗衣机排水装置的故障检修案例

洗衣机排水装置中
牵引器的检测

洗衣机排水装置出现故障后，常引起洗衣机排水异常的故障，在使用万用表检测的过程中，应重点对排水装置中牵引器进行检测。洗衣机排水装置中牵引器的检测如图 9-8 所示。

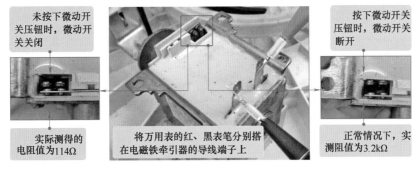

未按下微动开关压钮时，微动开关关闭

按下微动开关压钮时，微动开关断开

实际测得的电阻值为114Ω

将万用表的红、黑表笔分别搭在电磁铁牵引器的导线端子上

正常情况下，实测阻值为3.2kΩ

图 9-8　洗衣机排水装置中牵引器的检测

> **提示**
>
> 在检测中，所测得的两个阻值如果过大或者过小，都说明电磁铁牵引器线圈出现短路或者开路故障。并且在没有按下微动开关压钮时，所测得的阻值超过 200Ω，就可以判断为转换触点接触不良。此时，就可以将电磁铁牵引器拆卸下来，查看转换触点是否被烧蚀导致其接触不良，可以通过清洁转换触点来排除故障。

9.2.5　洗衣机控制电路板的故障检修案例

洗衣机控制电路板是整机的控制核心，若该电路板出现异常，将导致洗衣机各种控制功能出现失常。怀疑控制电路板异常时，可用万用表对电路板上的主要元件进行检测，以判断好坏，如微处理器、晶体、变压器、整流二极管、双向晶闸管、操作按键、指示灯、稳压器件等。

下面以较易损坏的双向晶闸管为例进行介绍。

双向晶闸管是洗衣机中各功能部件供电线路中的电子开关，当双向晶闸管在微处理器控制下导通时，功能部件得电工作；当双向晶闸管截止时，功能部件失电停止工作。若该器件损坏将导致相应功能部件无法得电，进而引起洗衣机相应功能失常或不动作。

如图 9-9 所示，一般可用万用表检测双向晶闸管引脚间阻值的方法判断其好坏。

9.2.6　洗衣机不进水的故障检修案例

洗衣机通电开机正常，设定好程序后按下"启动"按钮，指示灯能够点亮，但洗衣机无法进水。

正常情况下，用万用表检测双向晶闸管T1、T2间阻值应趋于无穷大

检测双向晶闸管其他两引脚间阻值，正常时阻值均很小，否则晶闸管击穿短路

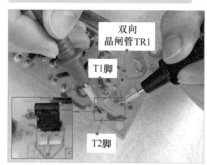

双向晶闸管TR1

T1脚

T2脚

图9-9 洗衣机控制电路板中双向晶闸管的检测

故障范围应在进水系统部分，可首先排查是否存在水龙头未开、水压不足、进水管连接异常等情况，若这些外围因素均正常，则多为进水电磁阀或进水控制电路部分出现了故障。

图 9-10 为待测波轮式洗衣机的电路。根据该故障在电路原理图中找到洗衣机的进水电磁阀及进水控制电路，还可查找到洗衣机中其他元件与控制电路的连接关系。

可以看到，微处理器（IC1）是整个洗衣机的控制核心。晶体 X1 接在 10 脚和 11 脚，用以产生 IC1 所需求的时钟信号，为 IC1 提供正常工作的条件。

洗衣机工作由操作开关 SW1～SW4 为 IC1 送入人工指令信号，由多个发光二极管显示工作状态。IC1 收到人工指令后，根据内部程序控制洗衣机的进水电磁阀、驱动电动机等。

洗衣机的驱动电机、进水电磁阀和排水电磁阀的电磁线圈是由交流电源驱动的，交流电源经过双向晶闸管为电机绕组和电磁阀线圈供电，该机设有 4 个双向晶闸管。微处理器的控制信号经 VT9～VT13 放大后去触发双向晶闸管，实现对进水电磁阀、排水电磁阀和电动机的控制。排水电磁阀需要直流电源驱动，因而控制信号经桥式整流堆再加到电磁阀上。

根据故障表现，应重点对与进水电磁阀相关的双向晶闸管 TR1（BCR1AM）、晶体三极管 VT13（9013）、电阻器 R23（39kΩ）进行检查。

首先将洗衣机断电，检测进水电磁阀两端的阻值，判断进水电磁阀是否正常。

经检查可知，进水电磁阀的阻值正常，初步怀疑为进水控制电路部分异常。接下来可借助万用表检测进水电磁阀的供电电压（在进水电磁阀接口插件处检测）。

经检测进水电磁阀的铁芯上无 AC 220V 供电电压，但电源线路中的 AC 220V 电压正常，由于进水电磁阀的供电电压需经双向晶闸管 TR1 为进水电磁阀供电，因此说明进水控制电路中的双向晶闸管 TR1 没有导通，此时需对进水控制电路中的双向晶闸管 TR1 进行检测，如图 9-11 所示。

经检测可知双向晶闸管 TR1 正常，因此，说明是由于进水控制电路输出的控制信号失常，无法使双向晶闸管导通。此时，顺电路信号流程可知，双向晶闸管 TR1 受晶体三极管 VT13 驱动，接下来对 VT13 进行检测，如图 9-12 所示。

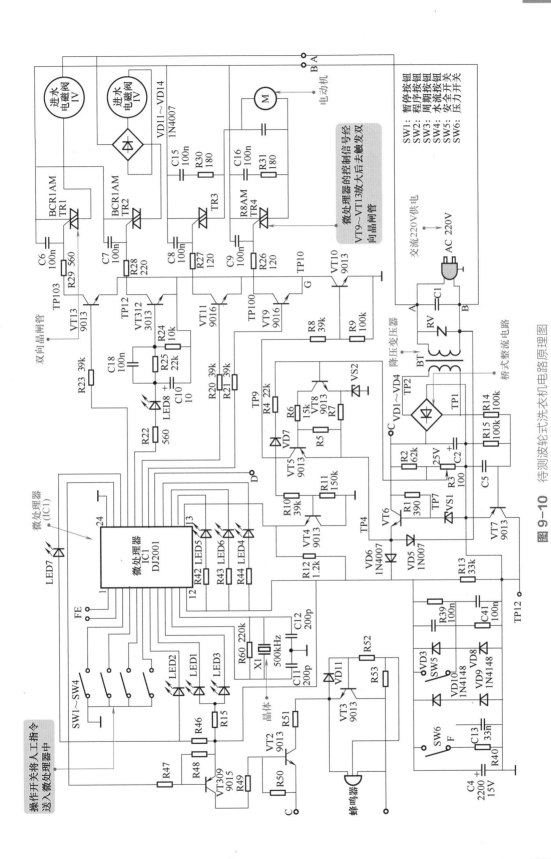

图 9-10　待测波轮式洗衣机电路原理图

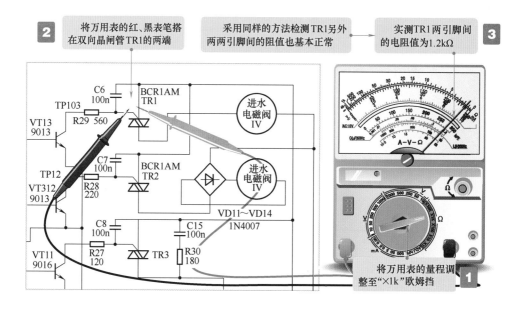

图 9-11 双向晶闸管的检测方法

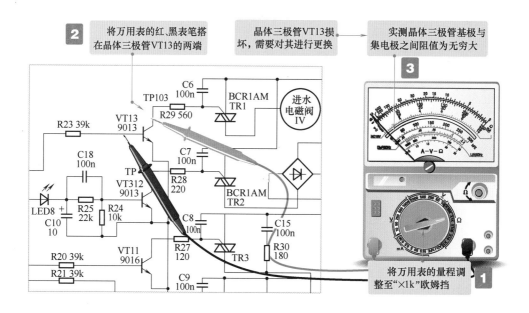

图 9-12 洗衣机控制电路中晶体三极管 VT13 的检测方法

经检测晶体三极管 VT13 的基极与集电极之间的阻值为无穷大，因此，说明晶体三极管 VT13 断路损坏，无法输出控制信号。更换损坏的晶体三极管 VT13 后，开机试运行，故障排除。

第 10 章
电磁炉维修

10.1 电磁炉的结构原理

电磁炉的内部结构

10.1.1 电磁炉的结构

电磁炉是一种利用电磁感应涡流加热原理进行加热的电热炊具。图 10-1 为典型电磁炉的外形结构。

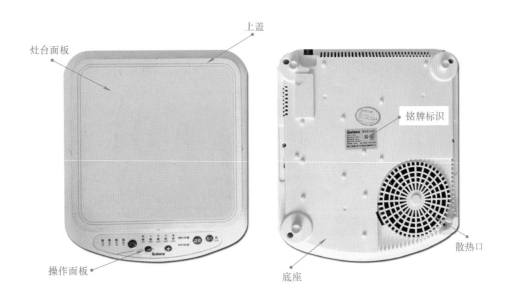

上盖

灶台面板

铭牌标识

散热口

操作面板

底座

图 10-1 典型电磁炉的外形结构

图 10-2 是电磁炉的内部结构。可以看到，它主要由炉盘线圈、门控管、供电电路、检测控制电路、操作显示电路和风扇散热组件等几部分构成。

可以看到，炉盘线圈一般是由多股（近 20 根，直径 0.31mm）漆包线拧合后盘绕而成，以适应高频大电流信号的需求。220V 交流电压直接经供电电路中的桥式整流电路变成直流 300V 电压，再经门控管、炉盘线圈及谐振电容形成高频、高压脉冲电流，通过线圈的磁场与铁质灶具的作用转换成热能，从而可进行煎、炒、烹、炸等。

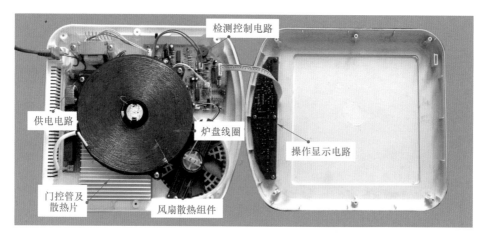

图 10-2　电磁炉的内部结构

10.1.2　电磁炉的原理

（1）电磁炉的整机加热原理

图 10-3 为典型电磁炉的加热原理示意图。图中炉盘线圈即为感应加热线圈，简称加热线圈。加热线圈在电路的驱动下形成高频交变电流，根据电磁感应原理，交变电流通过加热线圈时就产生出交变的磁场，即线圈中的电流变化会产生变化的磁力线，这些磁力线对铁质的软磁性灶具进行磁化，这样就使灶具的底部形成了许多由磁力线感应出的涡流（电磁的涡流），这些涡流又由于灶具本身的阻抗将电能转化为热能，从而实现对食物的加热，这就是电磁炉加热的原理。

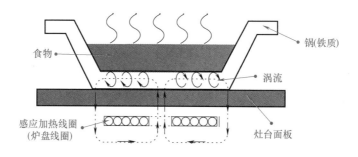

图 10-3　典型电磁炉的加热原理

（2）电磁炉的整机控制原理

图 10-4 为典型电磁炉电路的功能框图。

电磁炉是由交流 220V 供电，经过桥式整流电路，给加热线圈提供电流，对加热线圈的控制是由门控管进行控制的。而对于门控管的控制是由一个激励电路（脉冲信号放大电路）实现的，激励电路的功能是给门控管提供足够的驱动电流，因为一般门控管的功率比较大，所以需要比较大的激励电流，如果激励电流过小，门控管就不能正常工作。

振荡电路为门控管提供驱动脉冲，振荡电路输出脉冲的宽度受 PWM 脉宽调制电路的控制。从而可以控制电磁炉的输出功率。同步电路的功能是使振荡电路产生的脉冲信号频率与PWM 信号的频率相同。在控制过程中只改变脉冲信号的宽度而不改变频率，有利于电路的稳定性。

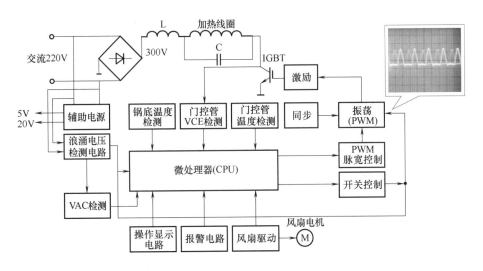

图 10-4　电磁炉电路的功能框图

电磁炉中的微处理器可通过开关控制电路直接对振荡电路进行开 / 关控制。当温度过高时，由温度检测方面送来的控制信号就会对振荡电路进行自动控制。此时，即使饭没做熟，也要对电磁炉进行关机断电，等电磁炉的温度降低以后才能够启动，继续进行加热工作。

作为控制核心，微处理器对门控管的温度进行检测，对门控管的电压进行检测，对锅底的温度进行检测，这些都要符合正常的工作条件，如果不符合这些条件就要关机进行保护。

人工的操作指令是通过操作显示面板上的操作按键完成的，当按下某一操作按键后，操作显示电路就会将人工指令传递给微处理器，微处理器根据所接收到的指令信息对电磁炉的工作进行控制。在工作过程中，微处理器还会将电磁炉的工作状态信号送到操作显示电路进行显示，是开机工作状态还是关机保护状态都会在显示电路中显示出来。

由于电磁炉工作时会产生大量的热，因此在电磁炉中都设有风扇以利于散热。电磁炉散热风扇的驱动也是由微处理器进行控制的，一般微处理器对风扇都是采用延迟控制，即在电磁炉加热之前便会启动风扇，但电磁炉停止加热之后，风扇还会再工作一段时间，以确保机器内部的热量彻底散去。

报警电路就是在电磁炉出现过压、过载情况时，发出报警信号。例如，炉温过高或电磁炉在工作时表面未检测到铁质炊具时，报警电路就会发出报警信号，驱动蜂鸣器发声。

此外，由于电磁炉的加热线圈需要高压高电流，而控制电路、检测电路等需要低压低电流，所以在电磁炉中都设有一个辅助电源以提供其他电路所需的低压。而浪涌电压检测电路则主要是对电磁炉整机电路进行保护的。例如，如果 220V 电压升得过高，浪涌电压检测电路就会将检测信号传给微处理器，微处理器输出保护信号对整个机器进行保护。

10.2 电磁炉的检修案例

电磁炉炉盘线圈
的检测

10.2.1 电磁炉炉盘线圈故障的检修案例

电磁炉炉盘线圈的正中间设有热敏电阻，该热敏电阻通过导热硅胶感应陶瓷板的温度并准确地传递给检测控制电路。

热敏电阻是检测炉盘线圈工作温度的，通过红色的引线连接到检测控制电路板上。常温下测量热敏电阻的直流电阻使用万用表 ×1k 欧姆挡，如图 10-5 所示，将万用表的红、黑表笔分别放到热敏电阻的两个引线端上，测得的阻抗为 80kΩ 左右。随着温度的上升，热敏电阻的阻抗值会逐渐减少。

图 10-5　热敏电阻的检测

图 10-6 为检测炉盘线圈的阻抗，将红、黑表笔分别放到炉盘线圈的两个引线柱上，在正常情况下阻抗值约为 0。如果阻抗值比较大，则说明炉盘线圈有断路的情况。

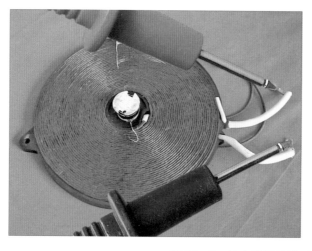

图 10-6　炉盘线圈的检测

10.2.2 电磁炉检测控制电路板故障的检修案例

（1）温度检测集成电路 LM324 的检测

集成电路 LM324 在电磁炉中常作为温度检测电路和电压检测电路。通过温度检测集成电路 LM324 外接引脚的连接组成的电路，主要用来检测电压以及电磁炉的工作状态，下面检测一下该集成电路各个引脚的电压。

在检测的时候先将黑表笔接地，接地端可选操作显示电路板与控制电路板之间数据引线插座的⑦脚为接地端，再使用红表笔分别检测集成电路的各个引脚，检测的时候使用指针式万用表的直流电压挡。

如图 10-7 所示，用红表笔检测集成电路 LM324 ①脚处的电压为 1.1V，②脚处检测的电压为 3.4V，③脚处检测的电压为 3.4V，④脚处检测的电压为 12V，⑤、⑥脚处检测的电压为 0V，⑦脚处检测的电压为 0.35V，⑧脚处检测的电压为 0V，⑨脚处检测的电压为 4.8V，⑩、⑪、⑫、⑬脚处检测的电压为 0V，⑭脚处检测的电压为 12V。

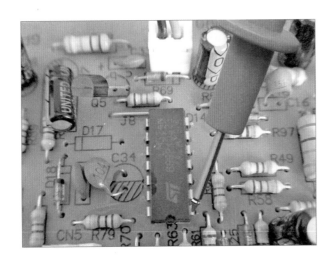

图 10-7 集成电路 LM324 ①脚处的电压

这里所测量出的是该集成电路的直流工作点，如果某个引脚的电压出现了偏差，就应该检测相关的外围电子元器件。注意有些引脚的输入端是可变的，比如温度检测端、电压检测端、温控器的检测端。当这些检测端出现温度变化异常的时候，传感器的输出就会有变化，这时候引脚电压的变化是正常的。在测量电压比较器和运算放大器时应该注意这个问题。

（2）PWM 信号产生集成电路 LM339 的检测

LM339 是双列直插式集成电路。它一共有 14 个引脚，在其内部共有 4 个电压比较器。电压比较器实际上也是运算放大器，每一个电压比较器都可以单独使用。电压比较器 A 的②脚是输出端，④、⑤脚是输入端。一般情况下，⑤脚的电压高于④脚时，②脚就会输出高电平；如果⑤脚的电压低于④脚，②脚就输出低电平。

检测时，可对 PWM 信号产生集成电路 LM339 的④脚进行检测。如图 10-8 所示，该引脚为锯齿波信号引脚端。锯齿波信号经过控制以后形成 PWM 信号，然后驱动门控管，所以若没有这个信号则会影响驱动脉冲信号的产生。

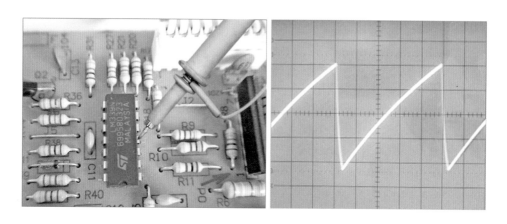

图 10-8 锯齿波信号的检测

10.2.3 电磁炉屡损 IGBT 的故障检修案例

机型：富士宝 IH-P260 型

电磁炉通电开机后不加热，将电磁炉断电后，检查 IGBT 已被击穿。更换新的 IGBT 后依然在通电开机后击穿。针对这种情况，主要是由 IGBT 驱动电路、过压保护电路的损坏导致的，应重点对该部分进行检测。

检测时，首先应对 IGBT 驱动电路中的关键元器件进行检测，若 IGBT 驱动电路中各元器件均正常时，则需要进一步对过压保护电路进行检测。

如图 10-9 所示，应先检测故障样机（富士宝 IH-P260 型）IGBT 驱动电路中晶体三极管是否正常。

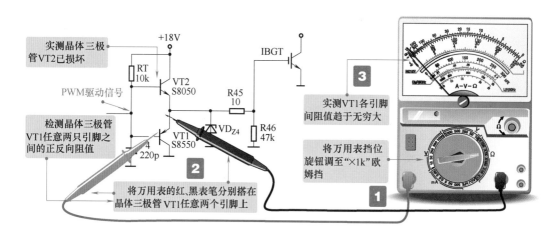

图 10-9 晶体三极管的检测方法

将电磁炉断电后，使用万用表检测 IGBT 驱动电路中的晶体三极管 VT1、VT2 时，发现晶体三极管 VT1、VT2 均被击穿损坏，更换损坏的晶体三极管 VT1、VT2 后，开机试运行，故障排除。

10.2.4 电磁炉烧熔断器的故障检修案例

电磁炉通电后，电磁炉不工作。电源指示灯不亮，按下任何操作按键，电磁炉均无反应。将电磁炉的外壳打开后，发现该电磁炉的熔断器已经烧坏，这种情况一般是电磁炉中存在短路性故障引起的。

根据维修经验，排查短路性故障时，应重点检查电源供电电路和其负载电路。检修时，将电源供电电路作为检修入手点，重点检查电路中的桥式整流堆、过压保护器等有无严重短路性故障；若电源供电电路正常，再对其负载电路进行检查。

我们首先检查电源供电电路中的桥式整流电路是否正常。断开电磁炉电源，用万用表测阻值法检测桥式整流电路有无短路故障。

经检测可知，桥式整流电路正常。根据检修分析，进一步检测电源供电电路中的过压保护器 ZNR1，如图 10-10 所示。

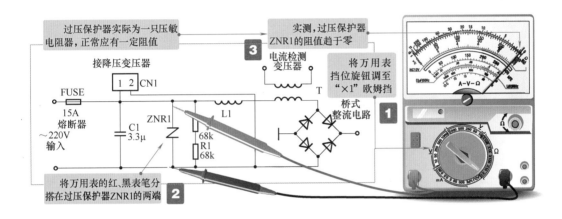

图 10-10 过压保护器 ZNR1 的检测方法

实测过压保护器 ZNR1 的阻值为 0，怀疑该过压保护器已经击穿短路，造成交流 220V 严重对地短路，瞬间电流过大，将熔断器 FUSE 烧毁。用同规格的过压保护器 ZNR1 更换后，对电磁炉重新开机，试机操作，故障排除。

提示

在检修短路性故障时，若电源供电电路正常，则多为电源负载电路中存在短路故障。可检测电源供电电路电压输出端的对地阻值。

若检测结果有一定阻值，说明该路电压负载基本正常，应对电源供电电路中的相关元件进行检测；若检测阻值为 0，说明该路输出电压的负载元件有短路故障。可根据电路进行分析，找到所测供电电路的负载元件，如供电电路输出的 +16V 电压主要供给电压比较器、温度传感器等，可逐一断开这些负载的供电端，如焊开微处理器的电源引脚、拔下温度传感器接口插件等。每断开一个元件，检测一次 16V 对地阻值，若断开后阻值仍为 0，说明该负载正常；若断开后，阻值恢复正常，则说明该元件存在短路故障。

10.2.5　电磁炉电源供电电路故障的检修案例

电磁炉的电源供电电路几乎可以为任何电路或部件提供工作条件。当电源供电电路出现故障时，常会引起电磁炉无法正常工作的故障现象。

在通常情况下，检修电源供电电路时可首先采用观察法检查主要元器件有无明显的损坏迹象，如观察熔断器是否有烧焦的迹象，电源变压器、三端稳压器等有无引脚虚焊、连焊等不良的现象。如果出现上述情况，则应立即更换损坏的元器件或重新焊接虚焊引脚。若从表面无法观测到故障部件时，则借助检测仪表对电路中关键点的电压参数进行检测，并根据检测结果分析和排除故障。

（1）电源供电电路中关键点电压的检测

电源供电电路是否正常主要通过检测输出的各路电压是否正常来判断。若输出电压均不正常，则需要判断输入电压是否正常。若输入电压正常，而无电压输出，则可能是电源供电电路本身损坏。

例如，根据前面对电磁炉工作原理的分析可知，+300V电压是功率输出电路的工作条件，也是电源供电电路输出的直流电压，可通过检测+300V滤波电容判断电压是否正常，如图10-11所示。

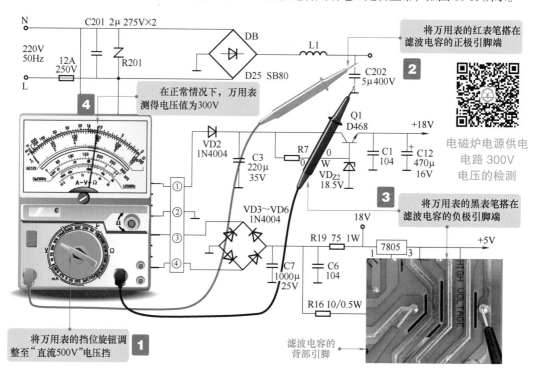

图10-11　电磁炉电源供电电路中直流300V供电电压的检测方法

> **提示**
>
> 若+300V电压正常，则表明电源供电电路的交流输入及整流滤波电路正常；若无+300V电压，则表明交流输入及整流滤波电路没有工作或有损坏的元器件。
>
> 电源供电电路直流输出电压（如图10-11中的+18V、+5V）的供电检测方法与之

相同。当电压正常时，说明电源供电电路正常；若实测无直流电压输出，则可能为电源电路异常，也可能是供电线路的负载部分存在短路故障，可进一步测量直流电压输出线路的对地阻值。

　　例如，若三端稳压器输出的 5V 电源为零，可检测 5V 电压的对地阻值是否正常，即检测电源供电电路中三端稳压器 5V 输出端引脚的对地阻值。若三端稳压器 5V 输出端引脚的对地阻值为 0Ω，说明 5V 供电线路的负载部分存在短路故障，可逐一对 5V 供电线路上的负载进行检查，如微处理器、电压比较器等，排除负载短路故障后，电源供电电路输出可恢复正常（电源供电电路本身无异常情况时）。

（2）电源供电电路中主要元器件的检测

　　在检测电源供电电路的电压参数时，若供电参数异常，或电磁炉因损坏无法进行通电测试时，应检测电路中的主要组成部件，如桥式整流堆、降压变压器、三端稳压器等，通过排查各个组成部件的好坏，找到故障点并排除故障。

　　电源变压器是电磁炉中的电压变换元件，主要用于将交流 220V 电压降压，若电源变压器故障，将导致电磁炉出现不工作或加热不良等现象。

　　若怀疑电源变压器异常，则可在通电状态下，借助万用表检测输入侧和输出侧的电压值判断好坏，如图 10-12 所示。

电磁炉降压变压器
的检测

> **提示**
>
> 　　若怀疑电源变压器异常时，可在断电的状态下，使用万用表检测初级绕组之间、次级绕组之间及初级绕组和次级绕组之间阻值的方法判断好坏。
>
> 　　在正常情况下，初级绕组之间、次级绕组之间均应有一定的阻值，初级绕组和次级绕组之间的阻值应为无穷大，否则说明电源变压器损坏。

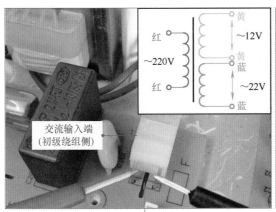

将万用表的挡位旋钮调至"交流250V"电压挡，
红、黑表笔搭在电源变压器交流输入端插件上

观察指针式万用表的读数，在正常情况
下，可测得交流220V电压

图 10-12

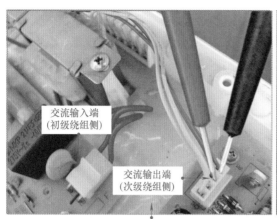

将万用表的挡位旋钮调至"交流50V"电压挡，将红、黑表笔分别搭在电源变压器交流输出端的一个插件上，检测输出端的电压值

在正常情况下，可测得交流22V电压。采用同样的方法在输出插件另外两个引脚上可测得交流12V电压，否则说明电源变压器不正常

图 10-12　电源供电电路中电源变压器的检测方法

桥式整流堆用于将输入电磁炉中的交流 220V 电压整流成 +300V 直流电压，为功率输出电路供电。若桥式整流堆损坏，则会引起电磁炉出现不开机、不加热、开机无反应等故障，可借助万用表检测桥式整流堆的输入、输出端电压值，检测和判断方法与检测电源变压器类似。

10.2.6　电磁炉功率输出电路故障的检修案例

在电磁炉中，当功率输出电路出现故障时，常会引起电磁炉通电跳闸、不加热、烧熔断器、无法开机等现象。

当怀疑电磁炉的功率输出电路异常时，可先借助检修仪表检测电路中的动态参数，如供电电压、PWM 驱动信号、IGBT 输出信号等。若参数异常时，说明相关电路部件可能未进入工作状态或损坏，可对所测电路范围内的主要部件进行排查，如高频谐振电容、IGBT、阻尼二极管等，找出损坏的元器件，将其修复或更换后即可排除故障。

（1）功率输出电路动态参数的检测方法

功率输出电路正常工作需要基本的供电条件和驱动信号条件，只有在这些条件均被满足的前提下才能够工作。

功率输出电路的主要参数包括 LC 谐振电路产生的高频信号、电路的 300V 供电电压、主控电路送给 IGBT 的 PWM 驱动信号及 IGBT 正常工作后的输出信号等。以 PWM 驱动信号的检测为例介绍。

功率输出电路正常工作需要主控电路为 IGBT 提供 PWM 驱动信号。该信号也是满足功率输出电路进入工作状态的必要条件，可借助示波器检测前级主控电路送出的 PWM 驱动信号，也可在 IGBT 的 G 极进行检测，如图 10-13 所示。若该信号正常，说明主控电路部分工作正常；若无 PWM 驱动信号，则应对主控电路部分进行检测。

　　在实际检测中，也可以找到主控电路与功率输出电路之间的连接插件，在连接插件处检测最为简单，易操作。

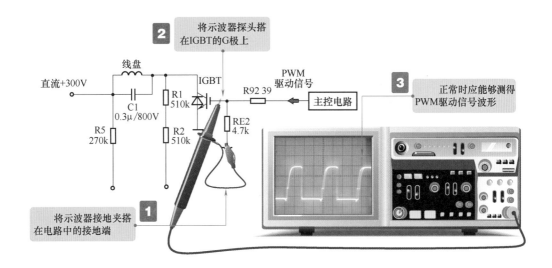

图 10-13　功率输出电路中 IGBT 驱动信号的检测方法

（2）功率输出电路主要部件的检测方法

　　高频谐振电容与炉盘线圈构成 LC 谐振电路，若谐振电容损坏，则电磁炉无法形成振荡回路，将引起电磁炉出现加热功率低、不加热、击穿 IGBT 等故障。

　　怀疑高频谐振电容故障时，一般可借助数字式万用表的电容测量挡检测电容量，将实测电容量与标称值相比较来判断好坏，如图 10-14 所示。

将万用表的量程调整至"CAP"电容挡，红、黑表笔分别搭在高频谐振电容的两个引脚端

观察万用表的读数，实际测得的电容量为0.24μF，属于正常范围

图 10-14　高频谐振电容的检测方法

　　在功率输出电路中，IGBT（门控管）是十分关键的部件。IGBT用于控制炉盘线圈的电流，即在高频脉冲信号的驱动下使流过炉盘线圈的电流形成高速开关电流，使炉盘线圈与并联电容形成高压谐振。由于其工作环境特性，因此IGBT是损坏率非常高的元件之一。若IGBT损坏，将引起电磁炉出现开机跳闸、烧保险、无法开机或不加热等故障。

　　若怀疑IGBT异常，则可借助万用表检测IGBT各引脚间的正、反向阻值来判断好坏，如图10-15所示。

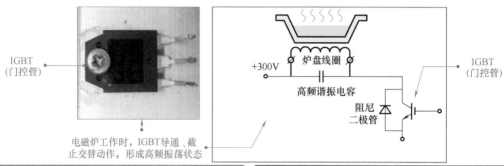

电磁炉工作时，IGBT导通、截
止交替动作，形成高频振荡状态

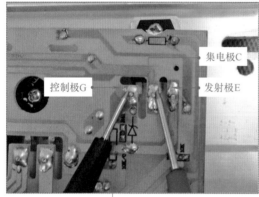

将万用表的挡位旋钮调至"×1k"欧姆挡，黑表笔搭在IGBT的控制极G引脚端，红表笔搭在IGBT的集电极C引脚端

观察万用表的读数，在正常情况下，测得G-C引脚间的阻值为9×1kΩ=9kΩ

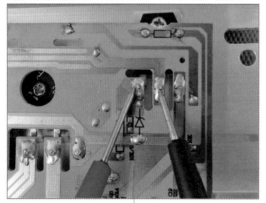

保持万用表的挡位旋钮位置不变，调换万用表的表笔，即红表笔搭在控制极，黑表笔搭在集电极，检测控制极与集电极之间的反向阻值

在正常情况下，反向阻值为无穷大。使用同样的方法检测IGBT控制极G与发射极E之间的正、反向阻值。实测控制极与发射极之间的正向阻值为3kΩ、反向阻值为5kΩ左右

图 **10-15** IGBT的检测方法

　　检测 IGBT（门控管）时，很容易因测试仪表的表笔在与其引脚的短时间碰触时造成 IGBT 瞬间饱和导通而击穿损坏。另外，在检修 IGBT 及相关电路后，当还未确定故障已完全被排除时，盲目通电试机很容易造成 IGBT 二次被烧毁，由于 IGBT 价格相对较高，因此在很大程度上增加了维修成本。

　　为了避免在检修过程中损坏 IGBT 等易损部件，可搭建一个安全检修环境，借助一些简易的方法判断电路的故障范围或是否恢复正常，如图 10-16 所示。

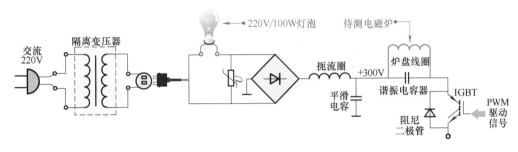

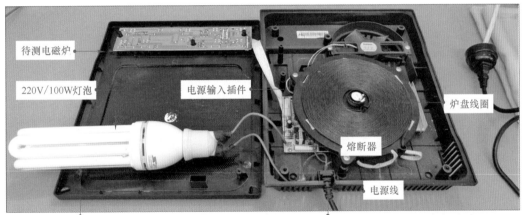

在电磁炉交流输入端串联一只 220V/100W 的灯泡作为限流元件

取下熔断器，将灯泡串联在熔断器两个接线端（本机型电磁炉的熔断器采用焊接方式。为简化操作，这里将灯泡串联在电源线的一相与电源输入插件之间）

图 10-16　IGBT 故障检测中的保护措施

　　在实测样机中，在路检测 IGBT 时，控制极与集电极之间的正向阻值为 9kΩ 左右，反向阻值为无穷大；控制极与发射极之间的正向阻值为 3kΩ，反向阻值为 5kΩ 左右。若实际检测时，检测值与正常值有很大差异，则说明 IGBT 损坏。

　　另外，有些 IGBT 内部集成有阻尼二极管，因此检测集电极与发射极之间的阻值受内部阻尼二极管的影响，发射极与集电极之间二极管的正向阻值为 3kΩ（样机数值），反向阻值为无穷大。单独 IGBT 集电极与发射极之间的正、反向阻值均为无穷大。

　　在设有独立阻尼二极管的功率输出电路中，若阻尼二极管损坏，极易引起 IGBT 击穿损坏，因此在检测该电路的过程中，检测阻尼二极管也是十分重要的环节。电磁炉中阻尼二极管的检测方法如图 10-17 所示。

将万用表的挡位旋钮设置在"×1k"欧姆挡，将黑表笔搭在阻尼二极管的正极，红表笔搭在阻尼二极管的负极，检测阻尼二极管的正向阻值；调换表笔位置检测反向阻值

在正常情况下，阻尼二极管的正向阻值有一固定值（实测为14kΩ），反向阻值应为无穷大。否则多为阻尼二极管损坏

图 10-17　阻尼二极管的检测方法

> 💡 **提示**
>
> 　　阻尼二极管是保护 IGBT（门控管）在高反压情况下不被击穿损坏的保护元器件。阻尼二极管损坏后，IGBT（门控管）很容易损坏。如发现阻尼二极管损坏，则必须及时更换。当发现 IGBT 损坏后，在排除故障时，还应检测阻尼二极管是否损坏。若损坏，需要同时更换，否则即使更换 IGBT，其也很容易再次损坏，引发故障。

10.2.7　电磁炉主控电路故障的检修案例

　　在电磁炉中，主控电路是实现电磁炉整机功能自动控制的关键电路。当主控电路出现故障时，常会引起电磁炉不开机、不加热、无锅不报警等故障。

　　当怀疑电磁炉主控电路故障时，可首先测试电路中的动态参数，如电路中关键部位的电压值、微处理输出的控制信号、PWM 驱动信号等。若所测参数异常时，则说明相关的电路部件可能未进入工作状态或损坏，即可根据具体测试结果，先排查关联电路部分，在外围电路正常的前提下，即可对所测电路范围内的主要部件进行检测，如微处理器、电压比较器 LM339、温度传感器、散热风扇电动机等，找出损坏的部件，修复或更换后即可排除故障。

　　电磁炉主控电路以微处理器和电压比较器为主要核心部件。

（1）微处理器的检测

　　微处理器是非常重要的元器件。若微处理器损坏，将直接导致电磁炉出现不开机、控制失常等故障。

　　怀疑微处理器异常时，可使用万用表对基本工作条件进行检测，即检测供电电压、复位电压和时钟信号，如图 10-18 所示。若在三大工作条件均满足的前提下，微处理器不工作，则多为微处理器本身损坏。

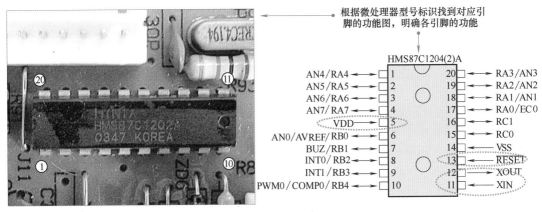

根据微处理器型号标识找到对应引脚的功能图，明确各引脚的功能

HMS87C1204(2)A

AN4/RA4	1	20	RA3/AN3
AN5/RA5	2	19	RA2/AN2
AN6/RA6	3	18	RA1/AN1
AN7/RA7	4	17	RA0/EC0
VDD	5	16	RC1
AN0/AVREF/RB0	6	15	RC0
BUZ/RB1	7	14	VSS
INT0/RB2	8	13	RESET
INT1/RB3	9	12	XOUT
PWM0/COMP0/RB4	10	11	XIN

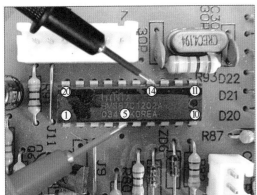

将万用表的挡位旋钮调至"直流10V"电压挡，黑表笔搭在微处理器的接地端（⑭脚），红表笔搭在微处理器的5V供电端（⑤脚）

在正常情况下，可测得5V供电电压；采用同样的方法在复位端、时钟信号端检测电压值，正常时，复位端有5V复位电压，时钟信号端有0.2V振荡电压

图 10-18　微处理器三大工作条件的检测方法

（2）电压比较器的检测

电压比较器是电磁炉中的关键元器件之一，在电磁炉中多采用 LM339，是电磁炉炉盘线圈正常工作的必要元器件，电磁炉中许多检测信号的比较、判断及产生都是由 LM339 完成的。若 LM339 异常，将引起电磁炉不加热或加热异常故障。

当怀疑电压比较器异常时，通常可在断电条件下用万用表检测其各引脚对地阻值的方法来判断其好坏，如图 10-19 所示。

相关资料

将实测结果与正常结果相比较，若偏差较大，则多为电压比较器内部损坏。在一般情况下，若电压比较器引脚对地阻值未出现多组数值为零或为无穷大的情况，则基本属于正常。

电压比较器各引脚的对地阻值见表 10-1，可作为参数数据对照判断。

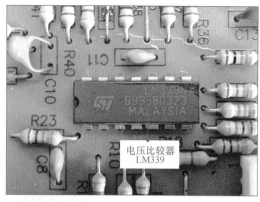

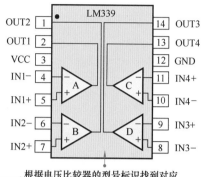

根据电压比较器的型号标识找到对应的引脚功能图，明确各引脚的功能

将万用表的挡位旋钮调至"×1k"欧姆挡，黑表笔搭在电压比较器的接地端（⑫脚），红表笔依次搭在电压比较器的各引脚上（以③脚为例），检测电压比较器各引脚的正向对地阻值

在正常情况下，可测得③脚正向对地阻值为2.9kΩ；调换表笔，采用同样的方法检测电压比较器各引脚的反向对地阻值

图 10-19 电压比较器的检测方法

表 10-1 电压比较器 LM339 各引脚的对地阻值

引脚	对地阻值 /kΩ	引脚	对地阻值 /kΩ	引脚	对地阻值 /kΩ	引脚	对地阻值 /kΩ
①	7.4	⑤	7.4	⑨	4.5	⑬	15.2
②	3	⑥	1.7	⑩	8.5	⑭	5.4
③	2.9	⑦	4.5	⑪	7.4	—	—
④	5.5	⑧	9.4	⑫	0	—	—

　　操作按键损坏经常会引起电磁炉控制失灵的故障，检修时，可借助万用表检测操作按键的通/断情况判断操作按键是否损坏，如图 10-20 所示。

　　操作显示电路正常工作需要一定的工作电压，若电压不正常，则整个操作显示电路将不能正常工作，从而引起电磁炉出现按键无反应及指示灯、数码显示管无显示等故障。可在操作显示电路板与主电路板之间的连接插件处或电路主要元器件（移位寄存器）的供电端检测，如图 10-21 所示。

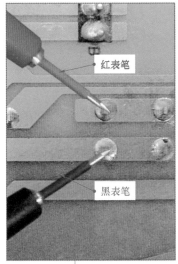

将万用表的红、黑表笔分别
搭在操作按键的两个引脚端

按下操作按键时，操作按键
处于导通状态，阻值为0Ω

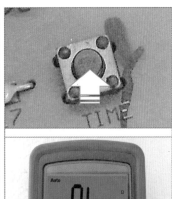

松开操作按键，操作按键处于
导通状态，即阻值为无穷大

图 10-20　操作按键的检测方法

电磁炉操作显示电路
供电电压的检测

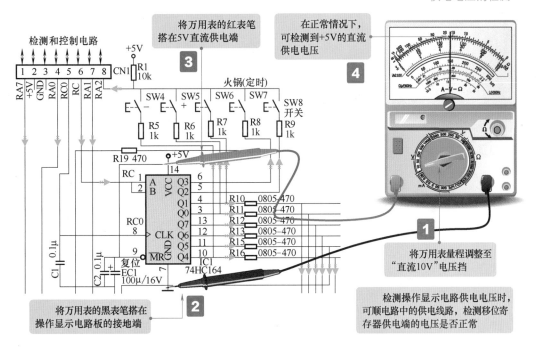

图 10-21　操作显示电路供电条件的检测方法

第 11 章
微波炉维修

11.1　微波炉的结构原理

11.1.1　微波炉的结构

微波炉是使用微波加热食物的现代化厨房电器。根据控制方式不同,可分为定时器方式微波炉和电脑控制方式微波炉。

如图 11-1 所示,微波炉内部主要是由熔断器、温度开关、磁控管、高压变压器、高压电容、高压二极管、散热风扇、操作显示控制面板等几部分构成的。只是定时器控制方式微波炉和电脑控制方式微波炉在控制方式上所采用的电路有所不同。

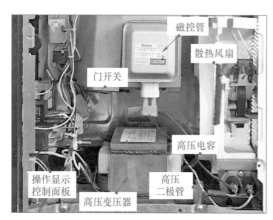
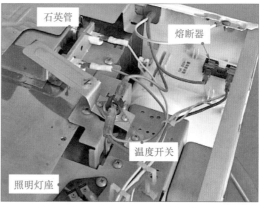

图 11-1　微波炉的内部结构图

（1）电路保护装置

熔断器和温度开关是微波炉的电路保护装置。当电路里的电流有过流、过载的情况发生时,熔断器就会被烧坏,从而实现保护电路的作用。温度开关在常温下是导通状态,当炉腔里的温度过高时就会自动断开,实现对电路的保护。

（2）门开关

在微波炉的门框部位都设有多个门开关。在微波炉的门被打开时,门开关会自动地将高压管和磁控管电路切断,以防止磁控管继续工作而产生微波外泄。

（3）磁控管

磁控管的主要功能是产生和发射微波信号。磁控管的天线（发射端子）将微波信号送入炉腔，加热食物。

（4）高压变压器

高压变压器是用来产生高压电压的，就是输入 220V 的交流电压经过高压变压器输出 2000V 左右的高压，然后再送给高压电容和高压二极管。

（5）高压电容和高压二极管

经过高压变压器送出的 2000V 左右的高压，通过高压电容和高压二极管后，形成 4000V 左右的高压和 2000MHz 以上的振荡信号，再通过导线给磁控管供电，使磁控管产生微波信号。

（6）石英管

如图 11-2 所示，带有烧烤功能的微波炉还设有石英管，用以实现烧烤功能。

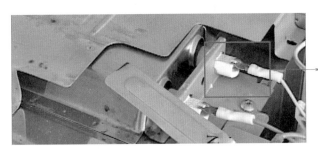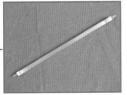

图 11-2　石英管

11.1.2　微波炉的原理

（1）定时器控制方式微波炉的工作原理

图 11-3 为定时器控制方式微波炉的工作原理图。高压变压器、高压整流二极管、高压电容和磁控管是微波炉的主要部件。

由图 11-3 可见，这种电路的主要特点是由定时器控制高压变压器的供电。定时器定时旋钮旋到一定时间后，交流 220V 电压便通过定时器为高压变压器供电。当到达预定时间后，定时器归零，便切断交流 220V 供电，微波炉停机。

微波炉的磁控管是微波炉中的核心部件。它是产生大功率微波信号的器件，它在高电压的驱动下能产生 2450MHz 的超高频信号，由于它的波长比较短，因此这个信号被称为微波信号。利用这种微波信号可以对食物进行加热，所以磁控管是微波炉里的核心部件。

给磁控管供电的重要器件是高压变压器。高压变压器的初级接 220V 交流电，高压变压器的次级有两个绕组，一个是低压绕组，一个是高压绕组，低压绕组给磁控管的阴极供电，磁控管的阴极相当于电视机显像管的阴极，给磁控管的阴极供电就能使磁控管有一个基本的工作条件。高压绕组线圈的匝数约为初级线圈的 10 倍，所以高压绕组的输出电压也大约是

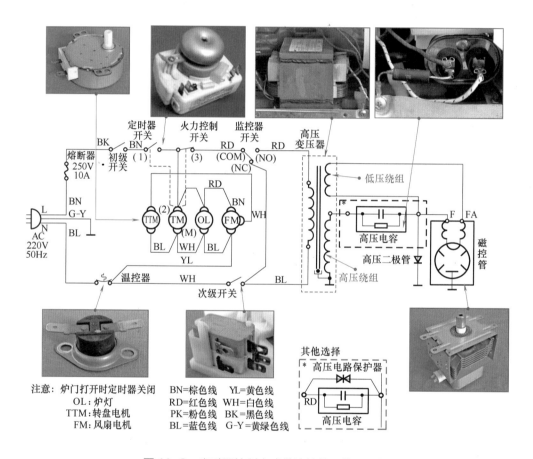

输入电压的 10 倍。如果输入电压为 220V，高压绕组输出的电压约为 2000V，这个高压是 50Hz 的，经过高压二极管的整流，就将 2000V 的电压变成 4000V 的高压。当 220V 是正半周时，高压二极管导通接地，高压绕组产生的电压就对高压电容进行充电，使其达到 2000V 左右的电压。当 220V 是负半周时，高压二极管是反向截止的，此时高压电容上面已经有 2000V 的电压，高压线圈上又产生了 2000V 左右的电压，加上电容上的 2000V 电压大约就是 4000V 的电压加到磁控管上。磁控管在高压下产生了强功率的电磁波，这种强功率的电磁波就是微波信号。微波信号通过磁控管的发射端发射到微波炉的炉腔里，在炉腔里面的食物由于受到微波信号的作用就可以实现加热。

图 11-3 定时器控制方式微波炉的工作原理图

（2）电脑控制方式微波炉的工作原理

图 11-4 为电脑控制方式微波炉的电路结构。电脑控制方式微波炉的高压线圈部分和定时器控制方式的微波炉基本相同，所不同的是控制电路部分。

电脑控制方式微波炉的主要器件和定时器控制方式微波炉是一样的，即产生微波信号的都是磁控管。其供电电路由高压变压器、高压电容和高压二极管构成。高压电容和高压变压器的线圈产生 2450MHz 的谐振。

从图 11-4 中可以看出，该微波炉的频率可以调整。即微波炉上有两个挡，当微波炉拨至高频率挡时，继电器的开关就会断开，电容 C2 就不起作用。当微波炉拨至低频率挡时，继电器的开关便会接通。继电器的开关一接通，就相当于给高压电容又增加了一个并联电容 C2，谐振电容量增加，频率便有所降低。

　　该微波炉不仅具有微波功能，而且还具有烧烤功能。微波炉的烧烤功能主要是通过石英管实现的。在烧烤状态时，石英管产生的热辐射可以对食物进行烧烤加热，这种加热方式与微波不同，它完全是依靠石英管的热辐射效应对食物进行加热的。在使用烧烤功能时，微波／烧烤切换开关切换至烧烤状态，将微波功能断开，微波炉即可通过石英管对食物进行烧烤。为了控制烧烤的程度，微波炉中安装有两根石英管。当采用小火力烧烤加热时，石英管切换开关闭合，将下加热管（石英管）短路，即只有上加热管（石英管）工作。当选择大火力烧烤时，石英管切换开关断开，上加热管（石英管）和下加热管（石英管）一起工作对食物加热。

　　在电脑控制方式微波炉中，微波炉的控制都是通过微处理器来完成的。微处理器具有自动控制功能，它可以接收人工指令，也可以接收遥控信号。微波炉里的开关、电机等都是由微处理器发出控制指令进行控制的。

　　在工作时，微处理器向继电器发送控制指令即可控制继电器的工作。继电器的控制电路有 5 根线，其中一根控制断续继电器，它是用来控制微波火力的。即如果使用强火力，继电器就一直接通，磁控管便一直发射微波对食物进行加热。如果使用弱火力，继电器便会在微处理器的控制下间断工作，例如可以使磁控管发射 30s 微波后停止 20s，然后再发射 30s，这样往复间歇工作，就可以达到火力控制的效果。

　　第二条线是控制微波／烧烤切换开关，当微波炉使用微波功能时，微处理器发送控制指令将微波／烧烤切换开关接至微波状态，磁控管工作，对食物进行微波加热。当微波炉使用烧烤功能时，微处理器便控制切换开关将石英管加热电路接通，从而使微波电路断开，即可实现对食物的烧烤加热。

　　第三条线是控制频率切换继电器，从而实现对电磁灶功率的调整控制。第四根和第五根线分别控制风扇／转盘继电器和门联动继电器。通过继电器对开关进行控制可以实现小功率、小电流、小信号，对大功率、大电流、大信号的控制。同时，便于将工作电压高的器件与工作电压低的器件分开放置，对电路的安全也是一个保证。

　　在微波炉中，微处理器专门制作在控制电路板上，除微处理器外，相关的外围电路或辅助电路也都安装在控制电路板上。其中，时钟振荡电路是给微处理器提供时钟振荡的部分。微处理器必须有一个同步时钟，微处理器内部的数字电路才能够正常工作。同步信号产生器为微处理器提供同步信号。微处理器的工作一般都是在集成电路内部进行的，用户是看不见摸不着的，所以微处理器为了和用户实现人工对话，通常会设置显示驱动电路。显示驱动电路将微波炉各部分的工作状态通过显示面板上的数码管、发光二极管、液晶显示屏等器件显示出来。这些电路在一起构成微波炉的控制电路部分。它们的工作一般都需要低压信号，因此需要设置一个低压供电电路，将交流 220V 电压变成 5V、12V 直流低压，为微处理器和相关电路供电。

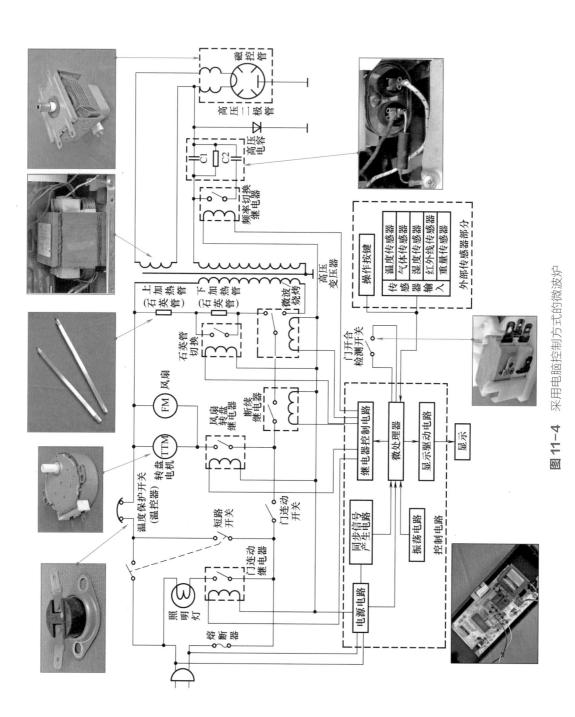

图 11-4 采用电脑控制方式的微波炉

11.2 微波炉的检修案例

11.2.1 微波炉微波加热功能失常的检修案例

微波炉磁控管故障会直接导致微波炉微波加热功能失常。具体表现为微波炉通电启动正常，进行微波加热时，可以感觉到有轻微振动，转盘也能正常转动，但食物没有微波加热的迹象，这时应重点检测微波加热组件。

对该微波炉通电，使其处于微波炊饭状态，使用示波器检测微波加热组件的输出波形判断该微波炉的故障点。

由于高压变压器输出电压幅度超过示波器的测量范围，因而采用感应法，将示波器的探头靠近高压变压器的绕组线圈，而不接触焊点，就能感应出如图 11-5 所示的波形。

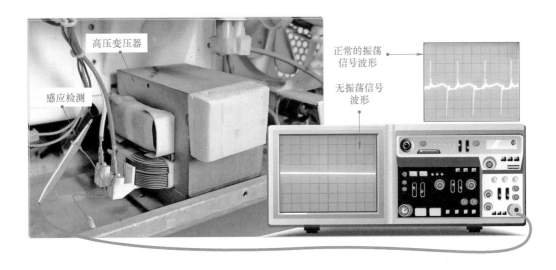

图 11-5 检测高压变压器

高压变压器输出的波形不正常，应再检测磁控管的连接是否正常，如外部连接正常，采用感应法，将示波器探头靠近磁控管引脚的外部，检测是否有振荡信号波形。如图 11-6 所示，经检测，无振荡信号波形。

实测无信号波形，可以断定为故障出现在磁控管、高压电容和高压二极管等部分。

（1）磁控管的检测

磁控管是微波发射装置的主要器件，该器件可将电能转换成微波能辐射。当磁控管出现故障时，微波炉会出现转盘转动正常，但微波的食物不热的故障。检测磁控管，可在断电状态下检测磁控管的灯丝端、灯丝与外壳之间的阻值，如图 11-7 所示。

① 用万用表测量磁控管灯丝阻值的各种情况为：

磁控管灯丝两引脚间的阻值小于 1Ω 为正常；

若实测阻值大于 2Ω，则多为灯丝老化，不可修复，应整体更换磁控管；

若实测阻值为无穷大，则为灯丝烧断，不可修复，应整体更换磁控管；

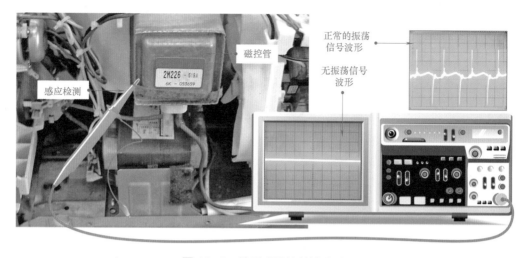

磁控管

正常的振荡
信号波形

无振荡信号
波形

感应检测

图 11-6 检测磁控管的输出波形

磁控管

万用表实测
数值为"0Ω",
属于正常状态,
表明磁控管灯丝
正常

2

1

将万用表的
红、黑表笔搭在磁
控管灯丝引脚上,
检测灯丝的阻值

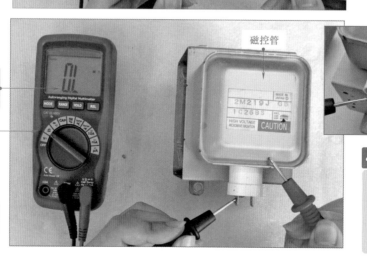

磁控管

5

万用表实测
数值为无穷大,
属于正常范围

3

保持万用表
位于"欧姆挡"

4

将万用表的
红、黑表笔分别
搭在灯丝引脚和
磁控管外壳上,
检测灯丝引脚与
外壳之间的阻值

图 11-7 微波炉中磁控管的检测方法

若实测阻值不稳定变化，多为灯丝引脚与磁棒电感线圈焊口松动，应补焊。

② 用万用表测量灯丝引脚与外壳间阻值的各种情况为：

磁控管灯丝引脚与外壳间的阻值为无穷大，则为正常；

若实测有一定阻值，则多为灯丝引脚相对外壳短路，应修复或更换灯丝引脚插座。

（2）高压变压器的检测

高压变压器是微波发射装置的辅助器件，也称为高压稳定变压器，在微波炉中主要用来为磁控管提供高电压和灯丝电压。当高压变压器损坏时，将引起微波炉出现不微波的故障。

检测高压变压器可在断电状态下，通过检测高压变压器各绕组之间的阻值来判断高压变压器是否损坏，如图 11-8 所示。

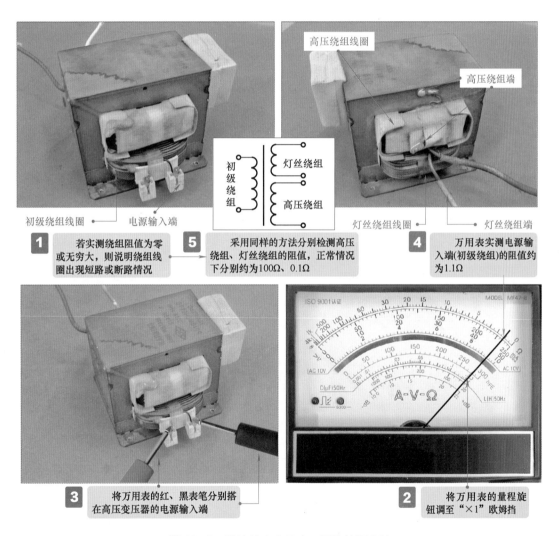

图 11-8 微波炉中高压变压器的检测方法

（3）高压电容器的检测

高压电容器是微波炉中微波发射装置的辅助器件，主要是起滤波的作用。若高压电容器变质或损坏，常会引起微波炉出现不开机、不微波的故障。

检测高压电容器时，可用数字式万用表检测电容量来判断好坏，如图 11-9 所示。

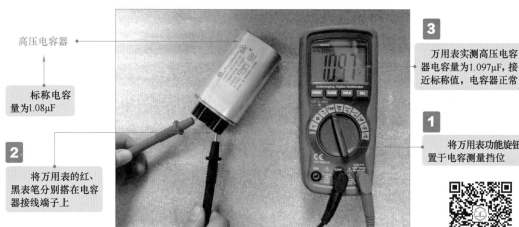

高压电容器

2 标称电容量为1.08μF

2 将万用表的红、黑表笔分别搭在电容器接线端子上

3 万用表实测高压电容器电容量为1.097μF，接近标称值，电容器正常

1 将万用表功能旋钮置于电容测量挡位

微波炉高压电容器的检测

图 11-9 微波炉中高压电容器的检测方法

（4）高压二极管的检测

高压二极管是微波炉中微波发射装置的整流器件，该二极管接在高压变压器的高压绕组输出端，对交流输出进行整流。

检测高压二极管时，可借助万用表检测正、反向阻值来判断好坏，如图 11-10 所示。

4 检测高压二极管反向阻值较小，表明高压整流二极管可能被击穿损坏

4 调换表笔，检测高压二极管的反向阻值，正常情况下应为无穷大

3 在正常情况下，高压二极管的正向阻值应为一个固定值

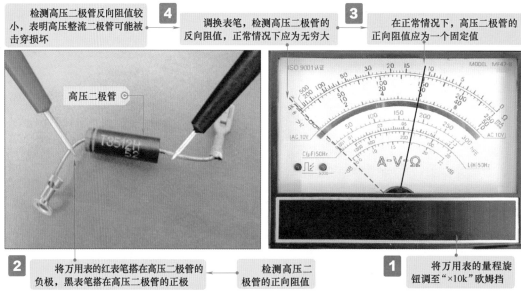

高压二极管

2 将万用表的红表笔搭在高压二极管的负极，黑表笔搭在高压二极管的正极

检测高压二极管的正向阻值

1 将万用表的量程旋钮调至"×10k"欧姆挡

微波炉高压二极管的检测

图 11-10 微波炉中高压二极管的检测方法

11.2.2　微波炉烧烤功能失常的检修案例

在微波炉的烧烤装置中，石英管是该装置的核心部件。若石英管损坏，将引起微波炉烧烤功能失常。

检测石英管时，应先检查石英管连接线是否出现松动、断裂、烧焦或接触不良等现象，然后借助万用表对石英管阻值进行检测来判断好坏，如图 11-11 所示。

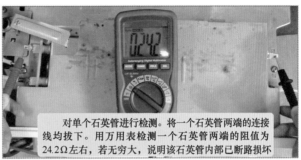

微波炉石英管串联连接，使用万用表检测两个石英管串联后的阻值为47.5Ω左右。若阻值为无穷大，说明石英管损坏

对单个石英管进行检测。将一个石英管两端的连接线均拔下。用万用表检测一个石英管两端的阻值为24.2Ω左右，若无穷大，说明该石英管内部已断路损坏

图 11-11　微波炉中石英管的检测方法

微流炉烧烤组件的检测方法

11.2.3　微波炉门开关故障的检修案例

如图 11-12 所示，微波炉有三个门开关，上面的一个是蓝色的，下面的是灰色的和白色的，它们叠加在一起。

其中蓝色的开关只有两个引线端，白色的开关有三个引线端，灰色的开关是控制操作显示电路板的门开关。当微波炉的门被关上的时候，门上的三个开关都被按下。门打开时，门开关的两条引线间的触点就会断开，这样就断开了给磁控管的供电，起到保障安全的作用。

图 11-13 所示为门开关的检测操作。首先测量上面的蓝色门开关，将万用表的两表笔放到两个引线端上。在关门状态下，这个开关呈导通状态，所测阻值为零。当门打开时，开关就断开了，实测阻值应为无穷大。这是正常的，若阻值不变，则说明门开关损坏。

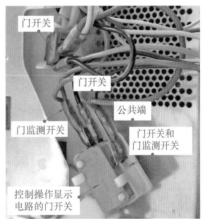

门开关

门开关

公共端

门监测开关

门开关和门监测开关

控制操作显示电路的门开关

图 11-12　微波炉门开关

11.2.4　微波炉控制电路的故障检修案例

以微电脑微波炉为例，若控制装置出现故障，常会引起通电后，微波炉无反应、按键失灵、蜂鸣器无声、数码显示管无显示等现象。检修时，可依据具体故障表现分析产生故障的原因，并根据电路的控制关系，对可能产生故障的相关部件逐一进行排查。微波炉操作显示电路板的供电是由 220V 交流电压经降压、整流处理后提供的，检测时，可将一条引线连接在操作显示电路板的供电端，如图 11-14 所示。为了安全起见，用绝缘胶带将电源端包裹起

来，以防检测时有触电的危险。

在关门的状态下，测得阻值为零

在开门的状态下，测得阻值为无穷大

图 11-13 检测门开关

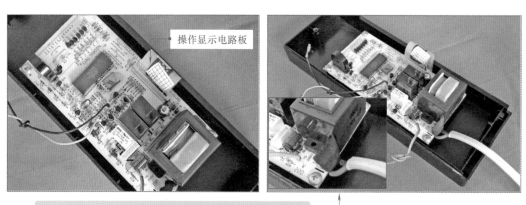

操作显示电路板

将一条引线连接在操作显示电路板的供电端，并用绝缘胶带将电源端包裹起来

图 11-14 微波炉检测前的供电处理

图 11-15 为操作显示电路中微处理器的检测。微处理器的供电、时钟信号、复位信号是微处理器正常工作的三大基本条件，任何一个条件不满足，微处理器都不可能正常工作。

若微处理器三个工作条件正常，此时通过操作按键向微处理器发送人工指令，监测微处理器控制信号输出引脚端的信号。若供电、时钟、复位三大基本条件满足时，无控制信号输出，则多为微处理器芯片内部损坏，需用同型号的芯片更换。

提示

首先检测标记为 a 的引脚波形。a 端是驱动显示器的阳极，波形是不断变化的。然后检测 b、c、d、e、f、g、h 端，检测时，不用追求信号波形的脉冲幅度及排列顺序，只要能看清波形的基本形状就可以，因为显示的内容不同，脉冲信号的显示形状及排列顺序也不同。

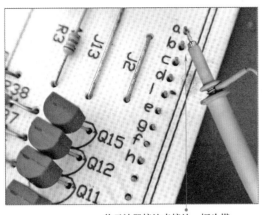
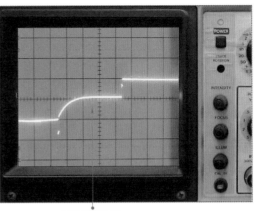

将示波器接地夹接地，探头搭
在微处理器标记为 a 的引脚上

测得信号波形
在不断变化

图 11-15　微处理器的检测

11.2.5　微波炉转盘不转的检修案例

微波炉转盘装置出现故障后，微波炉会出现食物受热不均匀、不能加热、转动时有"咔咔"声或转盘不转动等现象。若转盘装置出现故障，重点应对转盘电动机进行检测。

图 11-16 为转盘电动机的检测方法，通常可使用万用表检测转盘电动机绕组的阻值来判别转盘电动机的性能。

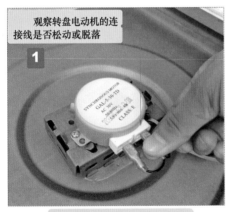

1 观察转盘电动机的连接线是否松动或脱落

2 将万用表的红、黑表笔分别搭在转盘电动机的两个接线端

3 测得转盘电动机阻值为 153.8Ω 左右，说明转盘电动机正常

图 11-16　转盘电动机的检测

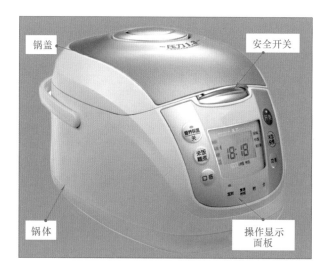

第 12 章
电饭煲维修

12.1　电饭煲的结构原理

12.1.1　电饭煲的结构

　　电饭煲是利用锅体底部的电热器（电热丝）加热产生高能量，以实现炊饭功能的电器，根据电饭煲控制方式的不同，通常可分为机械控制式和微电脑控制式电饭煲。

　　机械控制式电饭煲主要通过杠杆联动装置对电饭煲进行加热、保温控制。它主要由锅盖、锅体、内锅、电热盘、磁钢限温器等构成。

　　微电脑控制式电饭煲主要采用微处理器控制电路对电饭煲中的电热器和各部件进行控制。微电脑控制式电饭煲主要是增加了一套以微处理器为核心的自动控制电路，如图 12-1 所示。

图 12-1　微电脑控制式电饭煲结构组成

（1）操作显示面板

　　电饭煲的操作显示面板根据其控制的方式不同主要分为机械键杆式控制和轻触按键式操作面板两种，如图 12-2 所示。在机械控制式电饭煲中，按下按动开关后即可实现电饭煲的加热、保温操作，而微电脑控制式电饭煲则主要采用轻触按键式操作面板的形式进行控制，用户可以通过其操作显示面板的不同功能键对电饭煲进行控制。

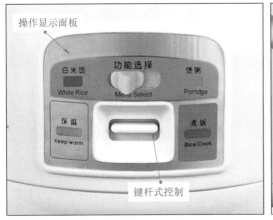
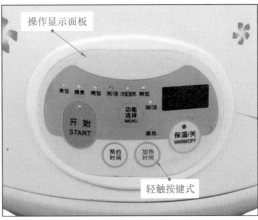

图 12-2 操作显示面板

（2）电热盘

电热盘是用来为电饭煲提供热源的部件。它安装于电饭煲的底部，是由管状电热元件铸在铝合金圆盘中制成的，供电端位于锅体的底部，通过连接片与供电导线相连，如图 12-3 所示。

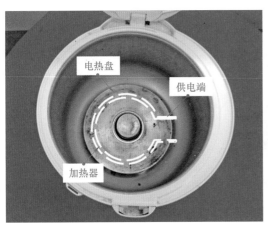
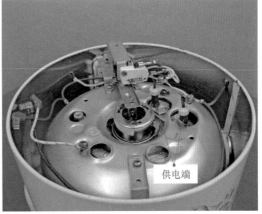

图 12-3 电热盘

（3）感温器和限温器

电饭煲中的热敏电阻式感温器和磁钢限温器见图 12-4。热敏电阻式感温器主要是通过热敏电阻检测电饭煲的温度，由控制电路对电热器进行控制。在这种方式中热敏电阻只是一个温度传感器。磁钢限温器与炊饭开关直接连接，磁钢限温器动作，感温后直接控制加热器供电开关。

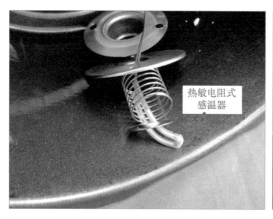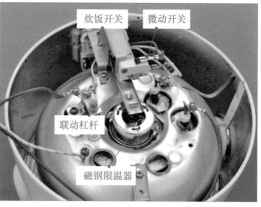

图12-4 感温器和限温器

（4）双金属片恒温器

双金属片恒温器并联在磁钢限温器上，是电饭煲中饭熟后的自动保温装置，如图12-5所示。

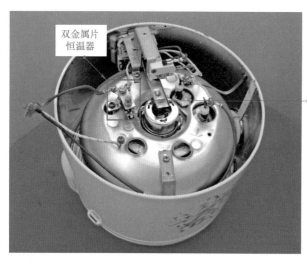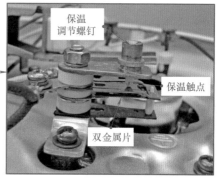

图12-5 双金属片恒温器

12.1.2 电饭煲的原理

（1）机械控制式电饭煲的工作原理

图12-6是机械控制式电饭煲炊饭工作原理示意图，交流220V电压经电源开关加到炊饭加热器上，炊饭加热器发热，开始炊饭。此时电饭煲处于炊饭加热状态，而在炊饭加热器上并联有一只氖灯，氖灯发光以指示电饭煲进入炊饭工作状态。

温控器设在锅底，当饭熟后水分蒸发，锅底温度会上升超过100℃，温控器感温后复位，使炊饭开关断开，电饭煲停止炊饭加热，进入保温状态。物体由液态转为气态时，要吸收一定的能量，叫作"潜热"，此时，电饭煲内锅已经含有一定的热量。这时，温度会一直停留在沸点，直至水分蒸发后，电饭煲里的温度便会再次上升。电饭煲底面设有温度传感器和控制电路，当它检测到温度再次上升，并超过100℃后，感温磁钢失去磁性，释放永久磁体，使炊饭开关断开，保温加热器串入电路之中，炊饭加热器上的电压下降，电流减小，进入保温加热状态，如图 12-7 所示。

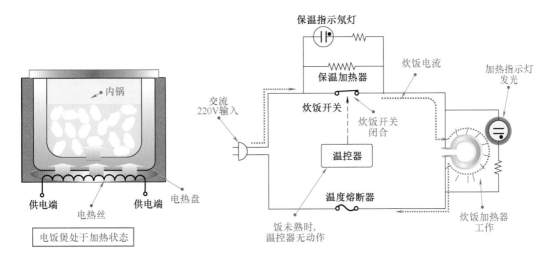

图 12-6　机械控制式电饭煲炊饭工作原理

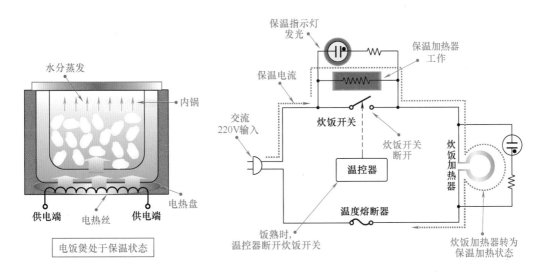

图 12-7　机械控制式电饭煲保温工作原理

（2）微电脑控制式电饭煲的工作原理

图 12-8 是微电脑（微处理器）控制式电饭煲的工作原理方框图。接通电源后，交流 220V 市电通过直流稳压电源电路，进行降压、整流、滤波和稳压后，为控制电路提供直流电压。当通过操作按键输入人工指令后，由微处理器根据人工指令和内部程序对继电器驱动电路进

行控制，使继电器的触点接通，此时，交流220V的电压经继电器触点便加到炊饭加热器上，为炊饭加热器提供220V的交流工作电压，进行炊饭加热。当加热器开始加热时，微处理器将显示信号输入到显示部分，以显示电饭煲当前的工作状态。

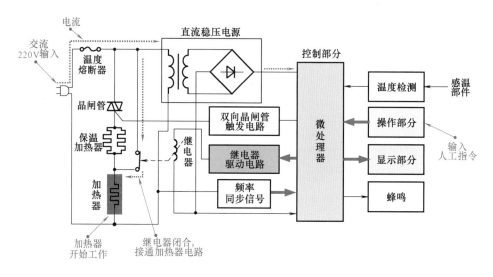

图 12-8 微电脑控制式电饭煲的工作原理方框图

炊饭加热器进行炊饭加热时，锅底的温度传感器不断地将温度信息传送给微处理器，当锅内水分大量蒸发，锅底没有水的时候，其温度会超过100℃，此时微处理器判别饭已熟（不管饭有没有熟，只要锅内不再有水，微处理器便做出饭熟的判断）。当饭熟之后，继电器释放触点，停止炊饭加热。此时，控制电路启动双向晶闸管，晶闸管导通，交流220V通过晶闸管将电压加到保温加热器和炊饭加热器上，两种加热器成串联型。由于保温加热器的功率较小、电阻值较大，炊饭加热器上只有较小的电压，这种情况的发热量较小，只能起保温的作用。微处理器同时对显示部分输送保温显示信号，如图12-9所示。

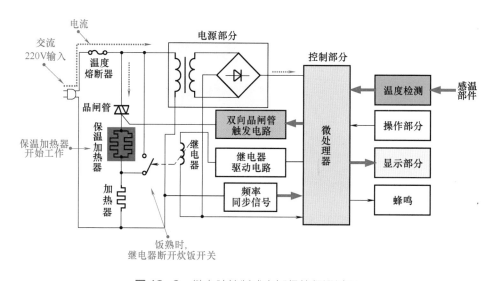

图 12-9 微电脑控制式电饭煲的保温过程

12.2　电饭煲的检修案例

12.2.1　电饭煲炊饭加热不良的故障检修案例

电饭煲，通电后不炊饭、炊饭不良或一直炊饭时，应检查炊饭装置中的各个部件，对损坏的部件及时进行更换。

（1）电热盘的检修

电饭煲在长期使用以及挪动过程中，可能会出现内部连接线老化或者松动等现象，应检查电热盘连接线的情况。如果电热盘的连接线出现松动，重新拧紧固定螺钉即可。

若重新固定电热盘连接线后，仍没有排除电饭煲故障，则检测电热盘供电端的阻值是否正常。检测电热盘时，万用表的两支表笔分别接在电热盘的两个供电端，如图 12-10 所示。

检测电热盘供电端阻值

图 12-10　检测电热盘供电端的阻值

若测得两端之间的阻值为 85Ω 左右，则说明电热盘正常。若电阻值无穷大，说明电热盘内部断路，应该对其进行更换。若阻值为 0，表明电热盘的供电输入端可能与外壳短路，应仔细检查。

（2）磁钢限温器的检修

炊饭装置不工作，也有可能是磁钢限温器出现故障，检查磁钢限温器的周围是否被异物（饭粒或者其他脏物）卡住，使永磁铁和感温磁钢不能吸合。用镊子取出即可排除故障。

清除异物后，若故障仍不能排除，则检查加热杠杆开关和供电微动开关接触的动作是否正常，供电微动开关的触点是否良好，如图 12-11 所示。

感温磁钢失效或永久磁铁退磁严重，磁钢限温器开关触点不能闭合，使电热盘只能由保温加热器工作，内锅的温度只能升到 65℃左右，所以不能将饭煮熟。这时只要购买规格与电热盘相符的磁钢限温器，进行更换即可。更换磁钢限温器与更换电热盘的步骤大致相同。

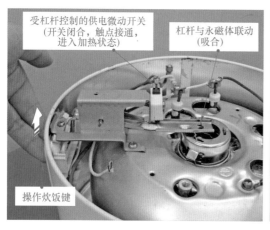
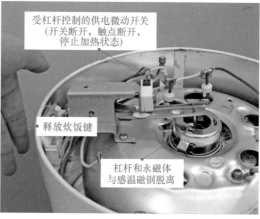

图 12-11   检查加热杠杆开关和供电微动开关的状态

12.2.2   电饭煲保温功能失常的检修案例

电饭煲的保温装置主要用来对锅内煮熟后的食物进行保温，若保温装置出现故障，则主要表现为饭熟后不能自动保温。

当电饭煲保温装置出现故障时，需要检查保温板、密封胶圈和双金属片恒温器是否出现了故障，对出现故障的部件进行更换即可。

图 12-12 为双金属片恒温器开关的检测方法。饭熟后不能自动保温，此故障的原因也可能是双金属片恒温器开关出现故障，可在常温下用万用表检测两接线片之间的阻值进行判断。

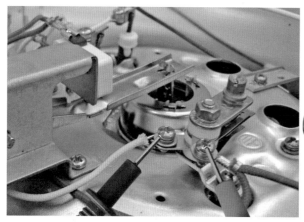

图 12-12   检测两接线片间的阻值

正常时两支表笔之间的电阻值近似为 0Ω，若检测的阻值为无穷大，则可能是双金属片恒温器触点表面氧化、双金属片弹性不足、调节螺钉松动或脱落等。

　　双金属片恒温器的调节螺钉松动会导致动触点不能接通，也会出现电饭煲不能自动保温的现象，这时可重新调整螺钉的位置，以保证恒温器触点在 65℃ 左右时断开，如图 12-13 所示。调节螺钉的方向视情况而定，如果恒温器的动作温度偏高，可逆时针拧螺钉，这样可以降低恒温器的动作温度；反之，顺时针方向拧动，恒温器的动作温度升高。

　　若双金属片恒温器的金属片弹性不足，也会使动触点不能与静触点很好地接触，这时会造成开关断路。

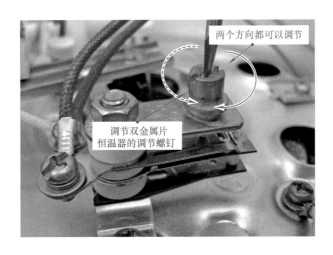

图 12-13　调节双金属片恒温器的调节螺钉

12.2.3　电饭煲持续加热的故障检修案例

　　电饭煲持续加热往往是因为温度检测失灵。当出现电饭煲温度检测失灵的故障时，经分析可初步断定为电饭煲的温度控制组件出现故障。首先检测限温器是否有 +5V 左右的工作电压，如图 12-14 所示。

　　经检测，发现限温器没有工作电压，由此可判断电饭煲的电源供电电路出现故障。

　　根据电饭煲限温器的连接端查找出限温器的供电电路，如图 12-15 所示。

　　找到限温器由稳压电路为其提供电压，在查找故障时，需检测稳压电路是否正常。检测时，使用万用表检测三端稳压器输出端是否有 +5V 的电压，如图 12-16 所示。

　　经查，三端稳压器输出电压正常。此时，可以判断为稳压电路中的其他元器件损坏。通过限温器的连接端找到稳压电路中限温器供电电路的支路，如图 12-17 所示。

　　检测电路中的二极管（D9）是否良好，操作如图 12-18 所示。

　　经检测，二极管（D9）正反向的阻抗都很大，表明该二极管可能断路损坏，更换该二极管后，再开机，工作正常。

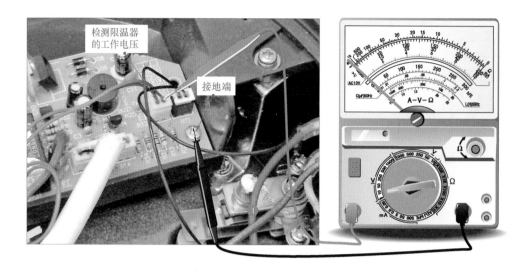

图 12-14　检测限温器的工作电压

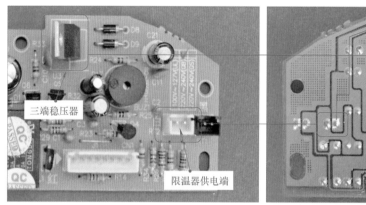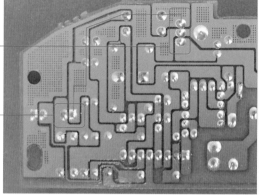

图 12-15　找出限温器的供电电路

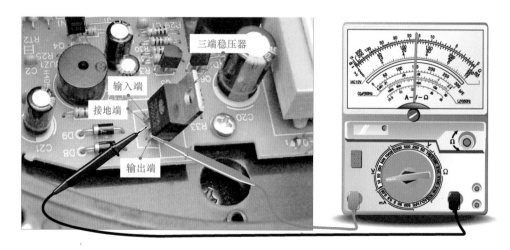

图 12-16　检测三端稳压器的输出电压

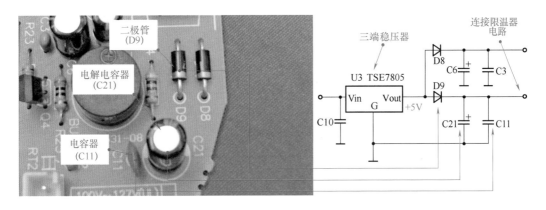

图 12-17　查找稳压电路限温器供电支路

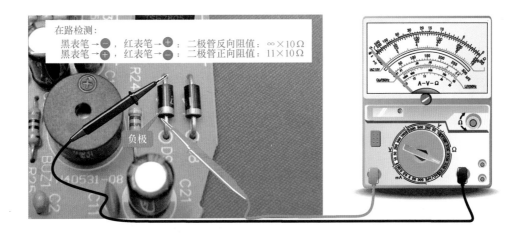

图 12-18　检测二极管（D9）

第 13 章
抽油烟机和燃气灶维修

13

13.1 抽油烟机维修

13.1.1 抽油烟机的结构

抽油烟机的功能是把做饭所产生的油烟吸走，将油气分离后，油被存入储油盒中，蒸气则排出室外，避免油污沾染到室内的墙面或物件上，同时防止油烟被人体吸入，影响操作者的身体健康。

图 13-1 为抽油烟机的基本结构。由图可见，它主要是由电动机、叶片和风道等部分构成的。电动机是抽油烟机的动力源，可带动叶轮高速旋转，形成风力驱动机构，风道为螺旋形蜗壳结构，有利于烟气的顺畅排出。

抽油烟机的
结构原理

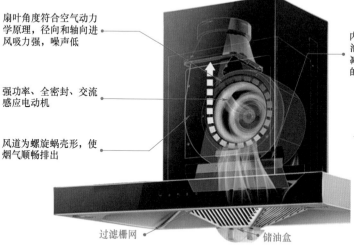

扇叶角度符合空气动力学原理，径向和轴向进风吸力强，噪声低

内置消音板，用于引导油烟顺利进入负压区，减少油烟和螺旋蜗壳壁的直接撞击，降低噪声

强功率、全密封、交流感应电动机

风道为螺旋蜗壳形，使烟气顺畅排出

过滤栅网　　　　储油盒

图 13-1 抽油烟机的基本结构

图 13-2 为典型抽油烟机的抽风系统。抽风系统多采用螺旋蜗壳式抽风管道、密封式交流感应电动机及强力吸气风轮，可大大提高抽油烟的效率，而且还便于拆卸清洗。

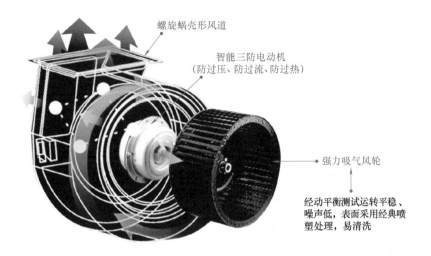

螺旋蜗壳形风道

智能三防电动机
（防过压、防过流、防过热）

强力吸气风轮

经动平衡测试运转平稳、
噪声低，表面采用经典喷
塑处理，易清洗

图 13-2　典型抽油烟机的抽风系统

图 13-3 为抽油烟机抽风系统中的电动机（简称风机），它是抽油烟机的核心部件。为了供电方便，通常选择电容启动式双速感应电动机，直接由交流 220V 供电。图 13-4 为该类型电动机的内部结构。

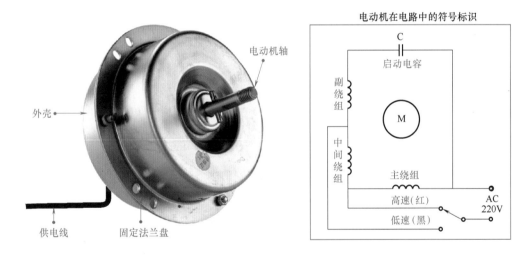

电动机轴

外壳

供电线　　固定法兰盘

电动机在电路中的符号标识

C
启动电容

副绕组

中间绕组

主绕组

高速（红）
低速（黑）

AC
220V

图 13-3　抽油烟机抽风系统中的电动机

13.1.2　抽油烟机的原理

抽油烟机的整机工作过程是在操作开关或自动检测电路的控制下，实现风机（电动机）的启动、调速和停止等，进而实现抽走油烟及分离气、油的目的。

（1）双电动机单速控制电路

图 13-5 为双电动机单速控制电路，结构比较简单，左、右电动机可独立控制，只有一个照明灯并独立控制。电动机为电容启动式交流感应电动机。

图 13-4 电容启动式双速感应电动机的内部结构

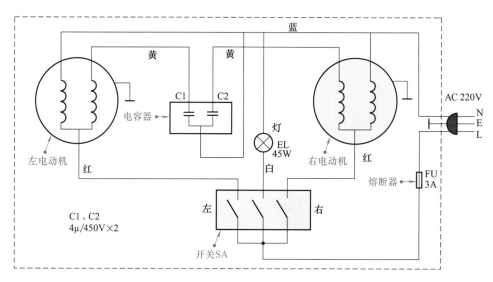

图 13-5 双电动机单速控制电路

（2）单电动机双速控制电路

图 13-6 为单电动机双速控制电路。电动机的定子线圈内带过热保护开关。这种开关具有自恢复功能，当温度上升至 70℃后会自动断开；当温度降低后可自动接通，切换电源供电的绕组抽头就可以实现变速。

（3）具有自动油烟检测功能的双电动机抽油烟机控制电路

图 13-7 为具有自动油烟检测功能的双电动机抽油烟机控制电路。图中，继电器 K1 是控制两电动机供电电源的主要器件，K2 是控制照明灯的继电器。

在手动状态（S1 开关置于手动位置），操作 S2 开关点亮照明灯，操作 S3 开关接通电动机强风挡，操作 S4（自动断开 S3）开关接通电动机弱风挡。

在自动状态（S1 开关位于自动位置），手动开关不起作用。K1-1 触点为继电器 K1 的触点，K2-1 是继电器 K2 的触点，分别受检测和继电器 K1、K2 电路的控制。

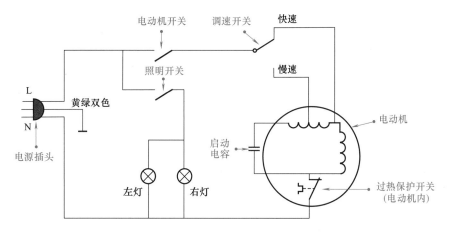

图 13-6　单电动机双速控制电路

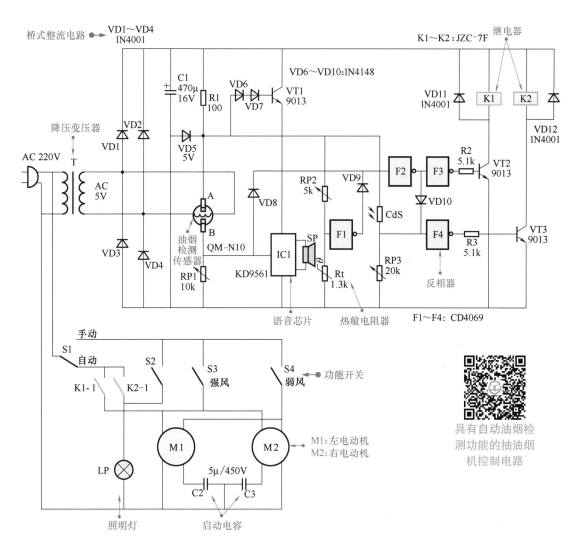

图 13-7　具有自动油烟检测功能的双电动机抽油烟机控制电路

交流 220V 电源经降压变压器 T 变成交流低压（交流 5V）为油烟检测传感器 QM-N10 供电，使传感器处于待机状态。同时，交流 5V 经桥式整流电路（VD1 ～ VD4）整流、电容 C1 滤波后，变成稳定的直流电压为检测电路供电。直流电压经 R1 为油烟检测传感器的 A 极供电，B 极经 RP1 后接地。

炒菜时，产生的烟雾作用到传感器时，传感器 A、B 电极之间的阻抗降低。B 极电压上升，VD8 导通，使反相器 F2 的输入端为高电平，F2 输出低电平，再经 F3 输出高电平，使三极管 VT2 导通，继电器 K1 动作，K1-1 触点闭合，为两电动机强风挡接通电源，电动机启动开始工作，油烟消除后，继电器复位，电动机自动停机。

反相器 F1、RP2 和热敏电阻器 Rt 构成温度检测电路，如果做饭时温度升高，则热敏电阻器 Rt 的阻值降低，反相器 F1 的输入电平变成低电平，输出变为高电平，VD9 导通，使 F2 输入变为高电平，输出变为低电平，再经反相器 F3 输出高电平，使 VT2 导通，继电器 K1 动作，K1-1 接通，两电动机高速旋转，开始排风、降温。当温度降低后，Rt 的阻值上升，F1 输出低电平，继电器复位，电动机停转。

光敏电阻器 CdS、RP3 和 F4 构成光检测电路。在光线较暗的情况下，CdS 的阻值较高，F4 输入为低电平，输出为高电平，VT3 导通，继电器 K2 接通电源，K2-1 触点接通，自动接通照明灯。在环境光比较亮的情况下，F4 的输入为高电平，输出为低电平，K2 复位，照明灯不亮。

13.1.3　抽油烟机的检修

（1）电动机和启动电容的检修

电动机大都采用交流感应电动机，采用电容启动的方式，直接由交流 220V 电源供电，如图 13-8 所示。该电动机是一种三端单速电动机，有两个绕组，1—2 端为运行绕组，1—3 端为启动绕组，2—3 端之间接启动电容。

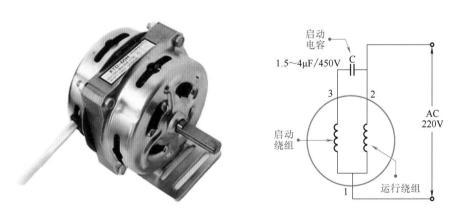

图 13-8　单相电容启动式交流感应电动机

检查电动机是按图 13-8 直接接上交流 220V 电源后观察运转情况和方向。如果运转方向相反，则调换 1—2 端供电即可。如果电动机不转，则应进一步检查电动机定子绕组是否有短路和断路情况，可用万用表的电阻挡检测电动机两绕组的阻值。

在一般情况下，单相电容启动式交流感应电动机绕组的阻值为 $70 \sim 100\Omega$，若偏差过大，则表明线圈不良。

电动机与风道的安装关系如图 13-9 所示。通常，法兰盘与风道固定在一起，拆卸前，应将引线与主机的开关电路板断开，然后做进一步的检查和更换。

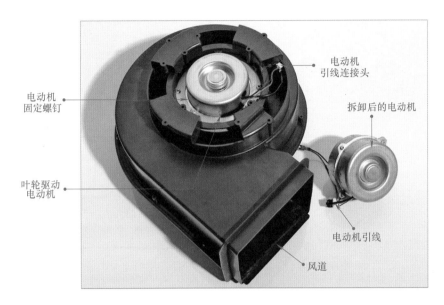

电动机引线连接头

拆卸后的电动机

电动机固定螺钉

叶轮驱动电动机

电动机引线

风道

图 13-9　电动机与风道的安装关系

（2）操作按键的检修

操作开关是抽油烟机中的重要部件，操作频率较高，出现故障的概率较大。操作开关故障常表现为按动操作开关，抽油烟机不启动、电动机不运转；按动操作开关控制不灵敏、控制失常等。

图 13-10 为按键开关的检测方法。通常，按下按键开关，电源接通（开机），再按一下，电源断开，一般直接用万用表检查按键开关的通、断情况即可判断按键开关的好坏。

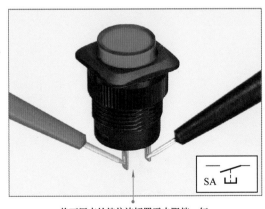

将万用表的挡位旋钮置于电阻挡，红、黑表笔搭在按键开关的两个引脚上

在正常情况下，开关未按下时，两引脚的阻值为无穷大，按下后为 0Ω

图 13-10　按键开关的检测方法

还有些抽油烟机中的操作部分采用琴键开关作为操作部件。图 13-11 为琴键开关的检测方法。琴键开关内部设置多个按键，可进行功能选择。判断琴键开关的好坏，一般可借助万用表检测相关联的两个接点之间的通、断关系即可。

在正常情况下，两个接点接通时，检测阻值应为 0Ω；接点断开时，检测阻值应为无穷大。

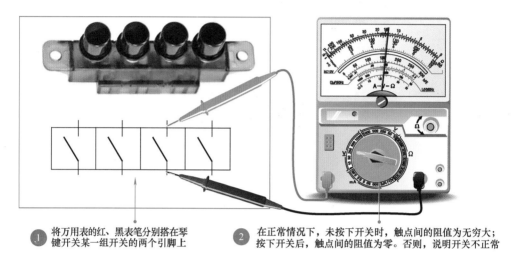

❶ 将万用表的红、黑表笔分别搭在琴键开关某一组开关的两个引脚上

❷ 在正常情况下，未按下开关时，触点间的阻值为无穷大；按下开关后，触点间的阻值为零。否则，说明开关不正常

图 13-11 琴键开关的检测方法

13.2 燃气灶维修

13.2.1 燃气灶的结构

燃气灶是目前家庭做饭、烧菜的主要厨房设备，其典型结构如图 13-12 所示。煤气管通入灶内，经点火供气开关后为炉灶供气。在供气开关上设置点火开关，开始供气后，同时进行点火，方便用户使用。

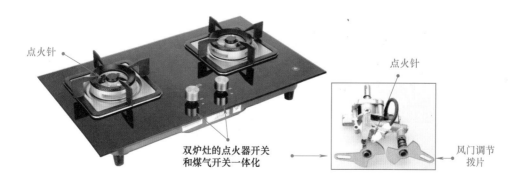

点火针

点火针

双炉灶的点火器开关和煤气开关一体化

风门调节拨片

图 13-12 燃气灶的典型结构

图 13-13 为燃气灶的内部结构。

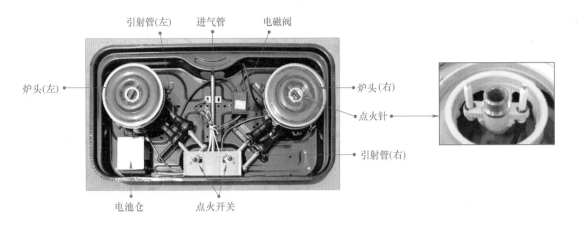

图 13-13　燃气灶的内部结构

点火器的电源通常是 1 节或 2 节电池，因而点火器都是使用 1 号电池工作的，通常采用振荡脉冲点火方式，电路结构也比较简单。

燃气灶点火器通常采用升压变压器将振荡脉冲升压到几千伏至十几千伏，将变压器输出绕组的一端接到地端（炉灶的金属结构），另一端接到带绝缘层的探针（点火针）上，探针与地之间的距离为 3 ～ 4mm，两者之间会产生放电火花，从而点燃燃气。

13.2.2　燃气灶的原理

（1）由单向晶闸管和升压变压器组成的点火电路

图 13-14 是由单向晶闸管和升压变压器组成的点火电路，该电路采用 1.5V 电池供电，单向晶闸管 VS1、电容器 C1 和升压变压器 T2 的一次侧绕组构成高频脉冲振荡电路。电源开关 K1 接通后，L1、R1 构成启动电路为三极管 VT1 的基极提供启动电压使之导通，VT1 的输出电压经 L3 和 VD1、VD2 构成的倍压整流电路，分别为单向晶闸管 VS1 和触发电路（VD3、VD2）供电。供电电压经 VD3 为 VS1 的栅极提供触发信号，使之导通，VS1 导通后 C1 上的电压经 VS1 放电，放电结束后 VS1 截止，电源又重新为 C1 充电，于是 VS1、C1、L4 形成脉冲振荡过程。振荡变压器 T2 是一个升压变压器，T2 二次侧的两端之间的升压值可达几千伏至十几千伏，该变压器一次侧绕组的输出一端接到点火针上，另一端接到地上。点火针与变压器绕组另一端形成高压放电，放电产生的火花就可以将燃气灶点燃。

（2）脉冲点火器电路

图 13-15 是一种使用 1.5V 电池的脉冲点火器电路，是由三极管振荡电路、单向晶闸管触发电路和升压变压器电路组成的。

接通电源开关 S1，电池为三极管振荡器供电，启动时 C1 与 R1 构成分压电路，使三极管 VT1 的基极和发射极成正向偏置，VT1 导通。VT1 导通时，电流流过 L2，L2 与 L1 互相感应形成正反馈，于是 VT1 形成振荡，振荡脉冲经变压器 T1 升压后由 L3 输出。L3 的输出再经 VD1 整流形成约 70V 的直流电压，该电压一路经 R2 为 C2 充电，C2 上的电压经双向触发二极管 VD2 为单向晶闸管 VS1 提供触发电压，使 VS1 导通。VS1 导通后，将 C3 上的电荷放掉，使 C2 上的电压也下降，然后电路又重新充电、放电，形成较强的脉冲振荡，振荡信号经升压变压器 T2 形成高达 10kV 的脉冲电压，该电压由变压器 T2 的二次侧接到点火针与地之间，点火针与地之间形成火花放电，从而点燃煤气。

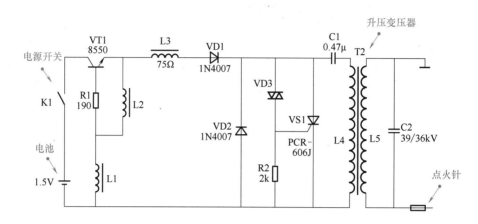

图 13-14 由单向晶闸管和升压变压器组成的点火电路

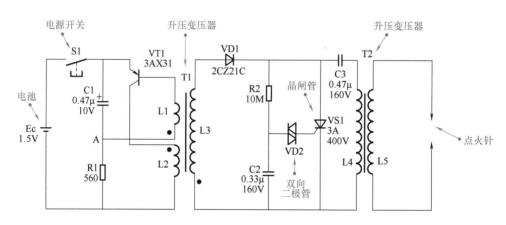

图 13-15 脉冲点火器电路

（3）双孔燃气灶脉冲点火电路

图 13-16 是双孔燃气灶脉冲点火电路，该电路设有两套升压变压器电路，分别为两个燃气灶口提供放电脉冲，通过开关可单独进行控制。

电路是由 1.5V 电池供电，VT1 和变压器 T1 组成脉冲波振荡电路（振荡频率约为 13.5kHz），升压变压器 T1 的次级输出经 VD2 整流后，为单向晶闸管 VS1 供电，同时为 C2 充电，变压器 T1 二次侧的中间轴头经 R2 和 VD_{Z1} 为单向晶闸管 VS1 提供触发信号，VS1 和 C2 以及输出变压器 T2、T3 的一次侧绕组形成高压振荡。输出变压器 T2、T3 分别为升压变压器，可以将振荡脉冲提升到十几千伏。该电压分别加到两个炉灶的点火针上，进行点火。两个点火开关 S1、S2 分别与煤气量调节钮联动，在打开燃气管道的同时进行点火。

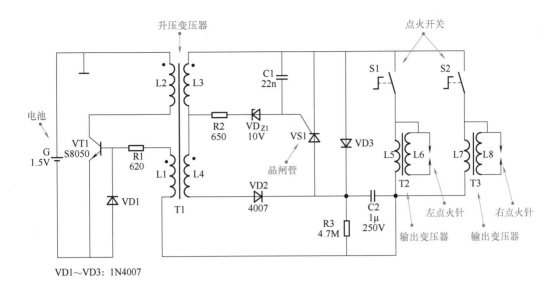

图 13-16 双孔燃气灶脉冲点火电路

13.2.3　燃气灶的检修

（1）燃气灶点不着火的故障检修

燃气灶点火时需要同时将燃气阀门打开，待燃气冒出时进行点火才能点燃。因而点燃时，应注意是否打开燃气阀门。如点火时可听到气体放出的声音，并可嗅到煤气的味道，则表明有燃气放出，此时放电打火可听到脉冲放电的声音，还可以看到放电火花。如两者不能同时进行，则应分别检查。

① 电池电量不足，点火时无电火花产生，应更换电池。

② 高压变压器损坏，应更换或重绕变压器。

③ 晶闸管损坏，更换新管。

（2）燃气灶点火时好时坏的故障检修

一旦燃气灶出现点火时好时坏的故障，主要通过以下几种方式进行检修。

① 电池仓接触不良，重装电池。

② 高压线绝缘层破损，维修或更换。

③ 点火电路板有虚焊或脱焊情况，应仔细检查或更换。

（3）燃气灶的故障检修实例

① 燃气灶大火失常　检查电池及电路板以及相关的部件，发现点火针有污物，清洁后故障排除。

② 电池损耗太快，用不了几天就不打火了　检查电池仓及引线，检查电路板及安装情况，发现有引线绝缘层破损致使有短路情况，更换引线，故障排除。

14
第 14 章 其他小家电维修

14.1 电热水壶维修

14.1.1 电热水壶加热盘故障的检修

加热盘是为电热水壶中的水进行加热的重要器件，该器件不轻易损坏。若电热水壶出现无法正常加热的故障时，在排除各机械部件的故障后，则需要对加热盘进行检修。

如图 14-1 所示，取下电热水壶的底座后，将电热水壶的壶身和底座分离，检查电热水壶的内部加热组件。

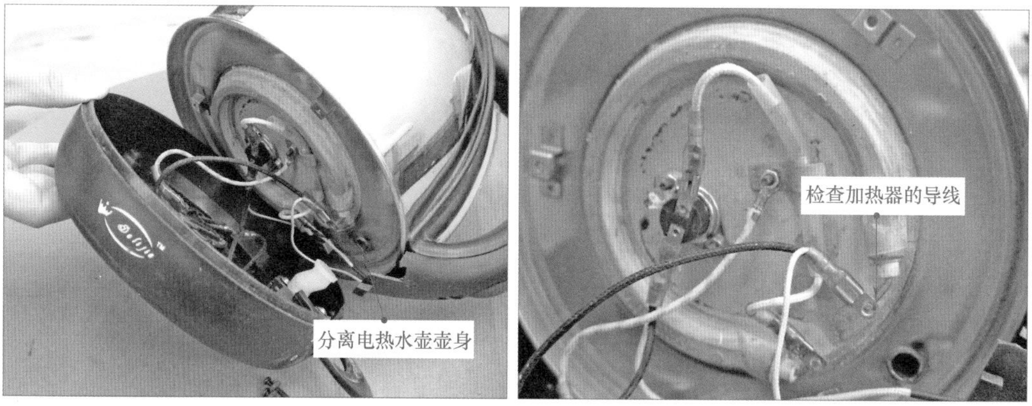

分离电热水壶壶身
检查加热器的导线

图 14-1 检查电热水壶内部加热组件

电热水壶加热盘的检测

对加热盘进行检修时，可以使用万用表检测加热盘阻值的方法判断其好坏。

加热盘的检修方法如图 14-2 所示。将万用表红、黑表笔分别接加热盘两连接端，正常情况下应能检测到一定的阻值。

将万用表的红、黑表笔分别搭在加热盘的两连接端上

正常情况下，万用表显示的数值为40Ω左右

图 14-2 加热盘的检修方法

14.1.2　电热水壶温控器故障的检修

温控器是电热水壶中关键的保护器件，若电热水壶出现加热完成后不能自动跳闸，以及无法加热的故障时，若机械部件均正常，则需要对温控器进行检修。

检修温控器时可使用万用表电阻挡检测其在不同温度条件下两引脚间的通断情况，来判断好坏。温控器的检修方法如图 14-3 所示。

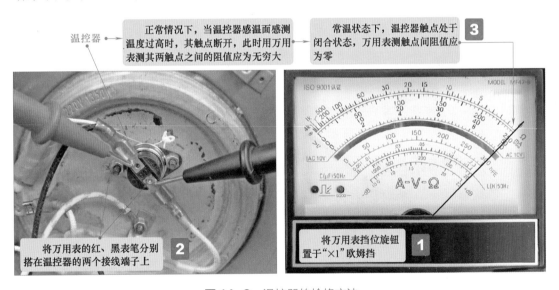

温控器

正常情况下，当温控器感温面感测温度过高时，其触点断开，此时用万用表测其两触点之间的阻值应为无穷大

常温状态下，温控器触点处于闭合状态，万用表测触点间阻值应为零　3

将万用表的红、黑表笔分别搭在温控器的两个接线端子上　2

将万用表挡位旋钮置于"×1"欧姆挡　1

图 14-3 温控器的检修方法

如果使用电烙铁接触温控器感温面，致温控器内部触片断开，则通常会听到"嗒"的声响，所测的阻值也会变为无穷大。

14.1.3　电热水壶出水功能失常的故障检修

对于具有自动出水功能的电热水壶，常会出现出水功能失常的故障。具体表现为电热水壶通电后，热水壶工作正常，但按下出水开关后，出水口没有水流出。此时应结合电路，重点对电热水壶出水控制组件进行重点检查。

图 14-4 所示为电热水壶的整机电路图。

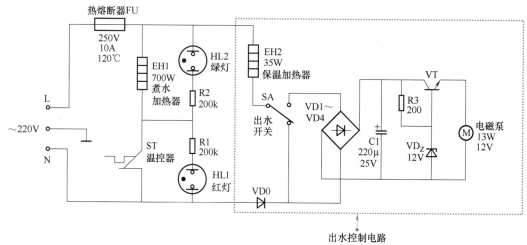

图 14-4 电热水壶的整机电路图

具有保温功能电热水壶
的整机电路

检修电热水壶的出水组件，主要检查电热水壶的电磁泵、电磁泵控制电路以及出水开关是否正常。如图 14-5 所示，拆卸电热水壶底部护盖，检查电磁泵控制电路板中的元器件是否有烧坏的迹象。

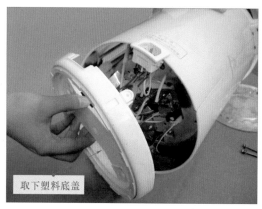

图 14-5 检查电磁泵控制电路板中的元器件

确认电磁泵进 / 出水管处的密封均良好，继续检查电磁泵是否损坏，如图 14-6 所示。

对电磁泵驱动电动机进行检测，发现绕组有短路情况，更换新的电磁泵，故障排除。

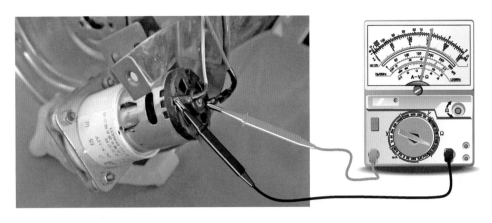

图 14-6 检测电磁泵

14.2 豆浆机维修

14.2.1 豆浆机加热器和打浆电动机的检修

（1）加热器的检修方法

豆浆机中的加热器（加热丝）通常被安装在金属管中，通过引线与供电线相连，也被称为加热管。一般家用豆浆机的加热器由交流 220V 供电，功率通常为 $600 \sim 800W$。根据公式 $P（功率）=U^2/R=220^2/R$，可求得阻值为 $60 \sim 80\Omega$。注意，加热器在高温条件下的阻值与低温时不同。

检测时可使用数字式万用表或模拟式万用表，通常故障为烧断故障，检测后，再检测一下引线接头，看是否有连接不良的情况。

（2）打浆电动机的检修方法

豆浆机的打浆电动机通常采用单相串激式交流电动机，结构比较简单，如图 14-7 所示。主轴上安装粉碎刀头，在高速转动的情况下，将黄豆粉碎，因而对速度的准确性要求不高。

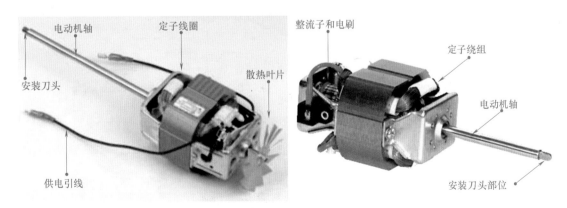

图 14-7 打浆电动机的结构

检测时，可直接检测电源供电线之间的电阻，看是否有短路或断路情况，此外用交流 220V 电源直接为电动机供电，电动机能正常运转，表明电动机正常。如转动不正常，则可检查连接点是否有污物，引线状态是否良好。

14.2.2　豆浆机电源变压器的检修

豆浆机中都设有电源电路，以产生稳定的直流电压为控制电路供电。应用比较多的是串联式稳压电源，采用降压方式，将交流 220V 降压为 10V 或 12V 后再经稳压电路输出 +12V 或 +5V。

降压变压器的结构如图 14-8 所示，由初级绕组和次级绕组构成。初级绕组接交流 220V 电压，阻值比较高，为几百欧姆；次级绕组输出交流低压（约 10V、12V），阻值比较低，为几欧姆到几十欧姆。用万用表检测阻值比较方便，如果出现短路或断路的情况，则表明有故障。将交流 220V 电源直接加到变压器初级绕组，在次级可以得到交流低压。

如有交流低压输出，则表明正常。如无输出或输出偏离正常值太多，则表明不良，应更换新品。

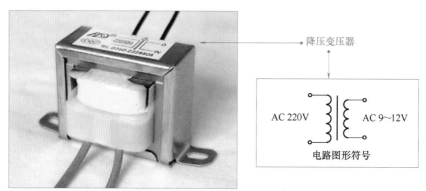

图 14-8　降压变压器的结构

14.2.3　豆浆机继电器的检修

继电器是用于控制打浆电动机和加热器的器件，线圈绕组中有电流流过时，触点就会动作。如图 14-9 所示，有些继电器只有一组常开触点，应用比较多。还有一些继电器有一组常开触点、一组常闭触点。

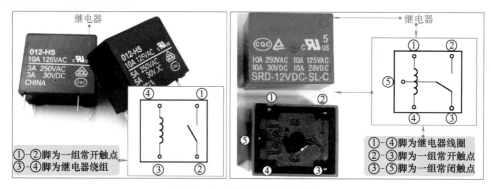

图 14-9　继电器的内部结构

14.3　榨汁机维修

14.3.1　榨汁机限温器的检修

图 14-10 为限温器的结构。限温器又称热保护开关，常用于电动机的过热保护。当电动机的温度过高时，限温器会将电路断开，停止工作，以免过热烧坏电动机；当温度降至正常范围时，电路又恢复接通，进入正常的工作状态。

图 14-10　限温器的结构

图 14-11 为限温器的检测方法。可使用万用表检测限温器两引脚端的阻值，正常情况下，阻值应为零。若为无限大，说明限温器故障，需要更换。

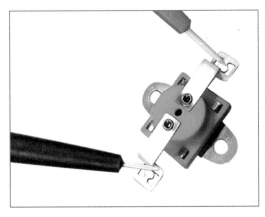

图 14-11　限温器的检测方法

> 💡 **提示**
>
> 限温器（热保护开关）有两种：一种是可自动恢复功能的器件，当温度降低后，自动恢复接通状态，设备能自动恢复功能；另一种是不能自动恢复功能的器件，需要靠人工复位。榨汁机多采用具有自动恢复功能的限温器。

14.3.2　榨汁机电动机的检修

当榨汁机中的电动机内部出现断路、短路的情况时，会造成榨汁机不工作，一般可用检测电动机电刷之间的阻值的方法来判断性能的好坏。

图 14-12 为用万用表检测电动机的方法。检测时，拨动电动机的转子，在正常情况下，万用表的指针会有相应的摆动情况。如万用表指针无反应，则说明电动机已经损坏。

图 14-12　用万用表检测电动机的方法

提示

由于电动机的绕组连接电源供电端，因此还可以通过检测电路中两根供电引线之间的阻值（绕组之间的阻值）判断电动机绕组是否正常。一般榨汁机中切削电动机绕组的阻值有几十至几百欧姆。

14.4　吸尘器维修

14.4.1　吸尘器电源开关的检修

电源开关是控制吸尘器工作状态的器件。若电源开关发生损坏，可能会导致吸尘器不运转或运转后无法停止。可以使用万用表检测其阻值，当电源开关处于开启状态时，阻值应当为零；当电源开关处于关闭状态时，阻值应当为无穷大。电源开关的检修方法如图 14-13 所示。

图 14-13　电源开关的检修方法

14.4.2 吸尘器启动电容器的检修

若吸尘器接通电源后，涡轮式抽气机不能正常运行，在排除电源线及电源开关的故障后，则应对抽气机的启动电容器进行检测。

启动电容器在吸尘器中是使控制涡轮式抽气机进行工作的重要器件，若其发生损坏会导致吸尘器电动机不转。可以使用万用表检测其充放电的过程，若其没有充放电的过程，则怀疑其可能损坏。启动电容器的检修方法如图 14-14 所示。

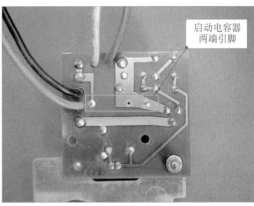
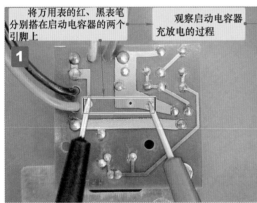
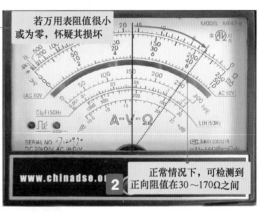
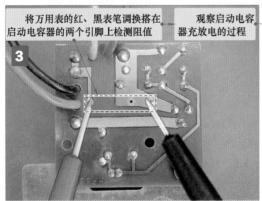
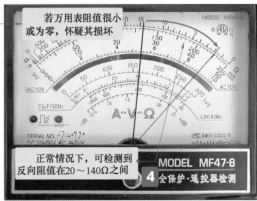

图 14-14 启动电容器的检修方法

14.4.3 吸尘器吸力调整电位器的检修

吸力调整电位器主要是用于调整涡轮式抽气机风力大小。若吸力调整电位器发生损坏，可能会导致吸尘器控制失常。当吸尘器出现该类故障时，应先对吸力调整电位器进行检修，一般可以使用万用表电阻挡检测吸力调整电位器位于不同挡位时电阻值的变化情况，来判断其好坏。吸力调整旋钮的检修方法如图 14-15 所示。

吸尘器吸力调整电位
器的检测

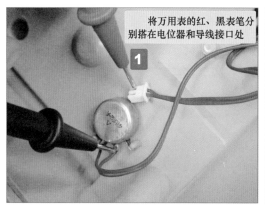

1 将万用表的红、黑表笔分别搭在电位器和导线接口处

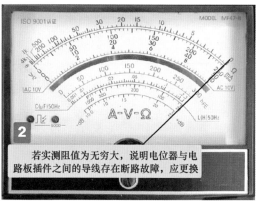

2 若实测阻值为无穷大，说明电位器与电路板插件之间的导线存在断路故障，应更换

最大挡位时，电位器的电阻值趋于零，使涡轮式抽气驱动电动机供电电压最高，转速最快，吸尘器的吸力最强

3 将吸力调整旋钮电位器调整至最大挡

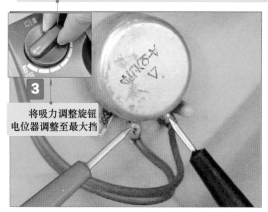

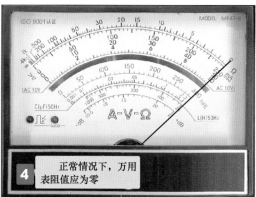

4 正常情况下，万用表阻值应为零

正常情况下，万用表测得阻值应为40Ω **8**

正常情况下，万用表阻值应该为20Ω左右 **6**

7 将吸力调整旋钮电位器调整至最小挡

5 将吸力调整旋钮电位器调整至中挡

图 14-15 吸力调整旋钮的检修方法

14.4.4　吸尘器涡轮式抽气机的检修

万用表检测吸尘器的
涡轮式抽气机

涡轮式抽气机是吸尘器中实现吸尘功能的关键器件，若通电后吸尘器出现吸尘能力减弱、无法吸尘或开机不动作等故障时，在排除电源线、电源开关、启动电容器以及吸力调整旋钮的故障后，还需要重点对涡轮式抽气机的性能进行检修。

若怀疑涡轮式抽气机出现故障时，应当先对其内部的减振橡胶块和减振橡胶帽进行检查，确定其正常后，再使用万用表对驱动电动机绕组进行检测。图 14-16 为驱动电动机及定转子绕组、电刷的连接关系。

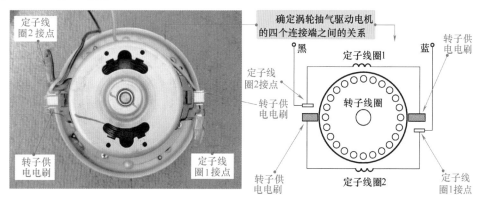

图 14-16　驱动电动机及定转子绕组、电刷的连接关系

涡轮式抽气机的检修方法如图 14-17 所示。

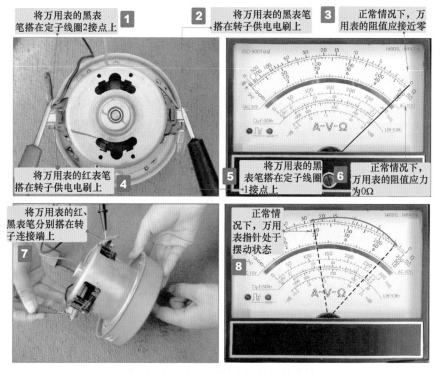

图 14-17　涡轮式抽气机的检修方法

14.5 电吹风机维修

14.5.1 电吹风机电动机的检修

电动机是电吹风机中的动力部件，若该部件异常，将直接引起电吹风机不启动、不工作。

怀疑电动机异常，一般可借助万用表对电动机绕组的阻值进行检测，通过测量结果判断电动机是否正常，如图 14-18 所示。

在正常情况下，电吹风机电动机绕组有一定的阻值。若测量结果为无穷大，则说明电动机内部绕组断路，应进行更换。

> **提示**
>
> 在电吹风机中，电动机的绕组两端直接连接桥式整流堆的直流输出端。在使用万用表检测前，应先将电动机与桥式整流堆相连的引脚焊开后再检测。否则，所测结果应为桥式整流堆中输出端引脚与电动机绕组并联后的阻值。

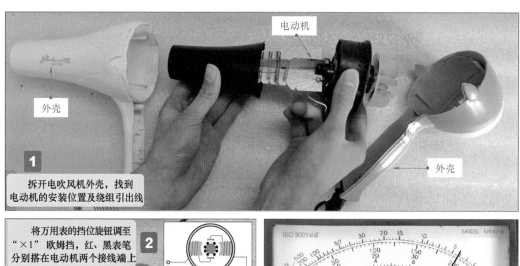

1 拆开电吹风机外壳，找到电动机的安装位置及绕组引出线

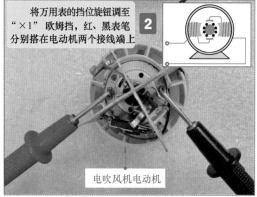

将万用表的挡位旋钮调至"×1"欧姆挡，红、黑表笔分别搭在电动机两个接线端上 **2**

电吹风机电动机

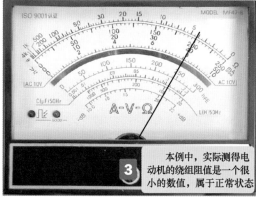

3 本例中，实际测得电动机的绕组阻值是一个很小的数值，属于正常状态

图 14-18 电吹风机电动机的检测方法

14.5.2　电吹风机调节开关的检修

当电吹风机中的调节开关损坏时，接通电源后，电吹风机可能会出现不能工作或调节挡位失灵、调节控制失常的故障。

怀疑调节开关异常时，一般可借助万用表检测其在不同挡位状态或不同闭合状态下的通、断情况来判断好坏，如图 14-19 所示。

提示

在正常情况下，调节开关置于 0 挡位时，公共端（P 端）与另外两个引线端的阻值应为无穷大；当调节开关置于 1 挡位时，公共端与黑色引线端（A-1）间的阻值应为零；当调节开关置于 2 挡位时，公共端与红色引线端（A-2）间的阻值应为零。若测量结果偏差较大，则表明调节开关已损坏，应进行更换。

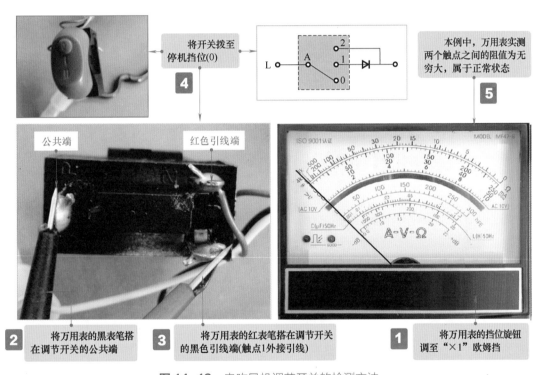

图 14-19　电吹风机调节开关的检测方法

14.5.3　电吹风机双金属片温度控制器的检修

双金属片温度控制器是用来控制电吹风机内部温度的重要部件，当出现故障时，可能会导致电吹风机的电动机无法运转或电吹风机温度过高时不能进入保护状态。

怀疑双金属片温度控制器异常时，可根据双金属片温度控制器的控制关系，使用万用表检测常温和高温两种状态下双金属片温度控制器触点的通、断状态，如图 14-20 所示。

电吹风机的双金属温度控制器的检测

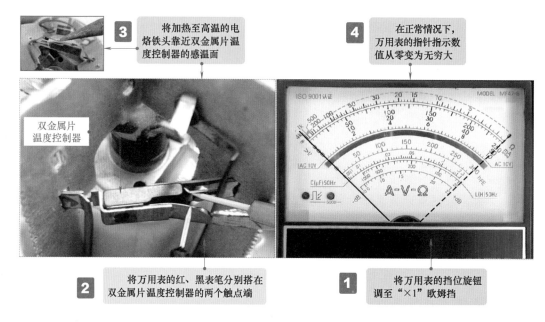

3 将加热至高温的电烙铁头靠近双金属片温度控制器的感温面

4 在正常情况下，万用表的指针指示数值从零变为无穷大

双金属片温度控制器

2 将万用表的红、黑表笔分别搭在双金属片温度控制器的两个触点端

1 将万用表的挡位旋钮调至"×1"欧姆挡

图 14-20 双金属片温度控制器的检测方法

常温时，实测的阻值为 0Ω，使用电烙铁加温，直至双金属片触点自动断开，实测阻值变为无穷大。

14.6 空气净化器维修

14.6.1 空气净化器电动机的检修

如果空气净化器在运行过程中出现不转或转速不均匀、运转有噪声等情况，应对电动机进行检查。图 14-21 为空气净化器风扇和电动机的拆卸方法。

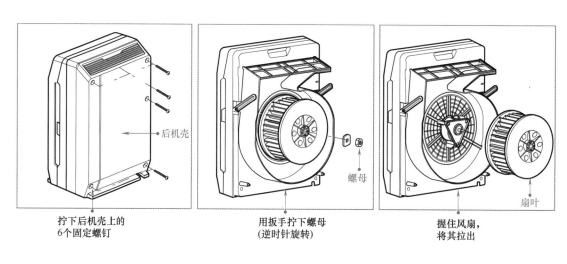

后机壳

拧下后机壳上的6个固定螺钉

螺母

用扳手拧下螺母（逆时针旋转）

扇叶

握住风扇，将其拉出

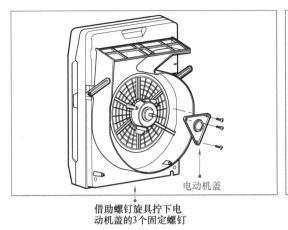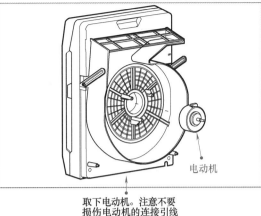

电动机盖

借助螺钉旋具拧下电动机盖的3个固定螺钉

电动机

取下电动机。注意不要损伤电动机的连接引线

图 14-21　空气净化器风扇和电动机的拆卸方法

空气净化器的电动机多采用单相交流电动机。如图 14-22 所示，检测时，使用万用表分别检测电动机任意两接线端的阻值。其中两组阻值之和应基本等于另一组阻值。

若检测时发现某两个接线端的阻值趋于无穷大，则说明电动机绕组中有断路的情况。若三组测量值不满足等式关系，则说明电动机绕组可能存在绕组间短路的情况。此时需要对电动机进行更换。

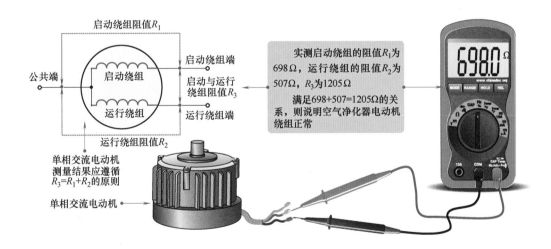

启动绕组阻值 R_1

公共端

启动绕组

运行绕组

启动绕组端

启动与运行绕组阻值 R_3

运行绕组端

运行绕组阻值 R_2

单相交流电动机测量结果应遵循 $R_3=R_1+R_2$ 的原则

单相交流电动机

实测启动绕组的阻值 R_1 为 698Ω，运行绕组的阻值 R_2 为 507Ω，R_3 为1205Ω

满足698+507=1205Ω的关系，则说明空气净化器电动机绕组正常

图 14-22　空气净化器电动机的检测

14.6.2　空气净化器灰尘传感器的检修

图 14-23 是灰尘传感器的电路单元，可检测空气中灰尘的含量。PM2.5 检测传感器是检测微颗粒灰尘的传感器，它将检测值变成电信号作为空气净化器的参考信息，经控制电路对净化器的各种装置进行控制，如风量和风速的控制及电离装置的控制。

图 14-23 灰尘传感器的电路单元

若灰尘传感器脏污，会触发报警状态。此时应进行检查和清洁，灰尘传感器装在空气净化器左侧下部，打开小门即可看到。使用干棉签清洁镜头，注意操作时应断开电源。如果灰尘覆盖镜头，则灰尘传感器会失去检测功能。拆卸灰尘传感器盖板，清洁灰尘传感器镜头的方法如图 14-24 所示。

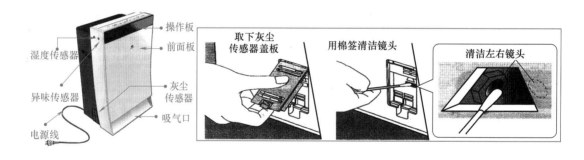

图 14-24 清洁灰尘传感器镜头

14.7 加湿器维修

14.7.1 加湿器电源电路的检修

加湿器的电源电路多采用变压器降压、桥式整流电路（4 个整流二极管）整流、电容器滤波的方式输出直流电压，为振荡电路供电。若开机全无动作，指示灯不亮，则应检测电源电路中的各主要部件。

（1）降压变压器的检修方法

降压变压器正常工作时，输入端电压一般为交流 220V 电压，输出电压为交流低压，有的为 38V，有的为 50V，有的为 90V。

降压变压器一般可采用在路检测电压或开路检测绕组阻值的方法判断好坏。

在路检测时，可检测输入交流电压是否为 220V，输出电压是否为交流 38V 或 50V 或 90V。若输入正常，无输出或输出不正常，则变压器损坏。

开路检测时，即用万用表的电阻挡检测变压器初级绕组和次级绕组的阻值，如图 14-25 所示。

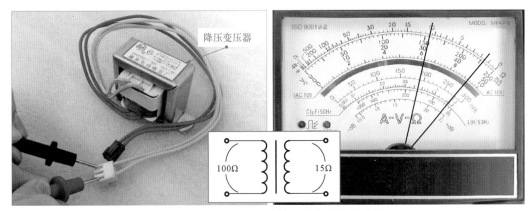

图 14-25　变压器开路检测绕组阻值的方法

将万用表的量程调至 ×10 挡，红、黑表笔分别搭在初级绕组、次级绕组引出线的两个触点上。

本例中，实际测得初级绕组的阻值为 100Ω，次级绕组的阻值为 15Ω，正常。

> 💡 **提示**
>
> 　在一般情况下，初级绕组的阻值为 100Ω 左右，次级绕组的阻值为几欧姆到十几欧姆。如果出现断路或短路情况，则属不正常。

（2）整流二极管的检修方法

整流二极管的故障判别方法是可以在加电的条件下，检测整流电路的输出。一般可在滤波电容器的两端检测桥式整流电路的输出电压。有交流输入，则有直流电压输出（若整流电路输入为交流 38V，则输出约为直流 40V）。若无输出，则整流电路有故障。

判断整流二极管的好坏还可以将整流二极管从电路板上取下来，用万用表的电阻挡（×1k 挡）检测正、反向阻值，通常正向阻值为 3 ~ 10kΩ，反向阻值为无穷大。如果检测不符合此值，则表明整流二极管有故障，应更换同型号的二极管。

（3）滤波电容器（电解电容器）的检修方法

滤波电容器的好坏可以通过检测其充、放电的特性进行判断。借助指针式万用表（×1k 挡）检测滤波电容器的两引脚时，指针会向右偏摆，然后又向左偏摆到一定的位置。

如果检测时偏摆角度很小，并停留在电阻值较小的位置上，则表明该滤波电容器漏电严重。如果停留在电阻值很大的位置上，则表明该滤波电容器内的电解液已干枯或断路。这两种情况都应更换滤波电容器。

14.7.2　加湿器超声波雾化器的检修

超声波雾化器是超声波型加湿器的核心部件。若供电正常、显示正常，而无水雾喷出，则往往是由于雾化器有故障，可用万用表检测阻值的方法判断好坏，如图 14-26 所示。

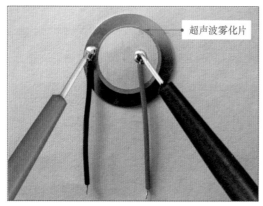
超声波雾化片

图 14-26　超声波雾化器的检测方法

调整万用表量程，将红、黑表笔分别搭在超声波雾化器的两个焊点或引出线上。

本例中，实际测得超声波雾化器的阻值为 30.1MΩ，正常。若测得阻值过小，则可能是超声波雾化器内部损坏，应更换。

> **提示**
>
> 雾化器是由外壳固定架和压电陶瓷片等部分构成的。通常，陶瓷片碎裂、损坏、脱胶、焊点脱落、引线断路等都需要更换新品。

14.7.3　加湿器振荡三极管的检修

在加湿器电路中，振荡三极管多采用 NPN 型三极管 BU406，它是一种大功率三极管，集电极与发射极间的耐压不低于 200V，集电极电流 I_c=7A，频率 f_t=10MHz，功率 P=60W，有些电路对耐压要求会更高。

判别加湿器电路中振荡三极管的好坏时，可用万用表的电阻挡（×1k 挡）测量基极与集电极和发射极之间阻值，如图 14-27 所示。

将黑表笔搭在振荡三极管的基极（b），红表笔搭在集电极（c）上，检测 b-c 极之间的正向阻值。

实测 b-c 极之间的正向阻值为 4.5kΩ，属于正常。调换表笔位置，检测 b-c 极之间的反向阻值为无穷大。

将黑表笔搭在 NPN 型三极管的基极（b），红表笔搭在发射极（e）上，检测 b-e 极之间的正向阻值。

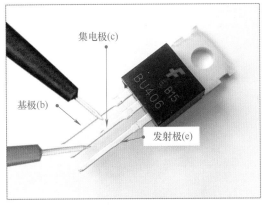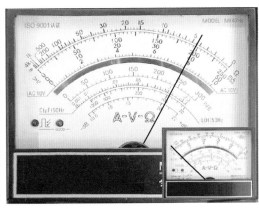

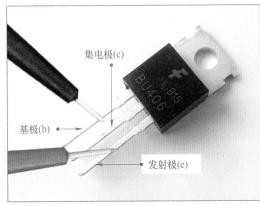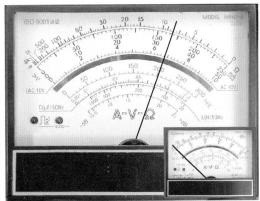

图 14-27　振荡三极管 BU406 的检测方法

　　实测 NPN 型三极管 b-e 极之间的正向阻值为 8kΩ，属于正常。调换表笔测其反向阻值为无穷大，属于正常。

　　通常，BU406 三极管的基极与集电极之间有一定的正向阻值（3～10kΩ），反向阻值为无穷大；基极与发射极之间有一定的正向阻值（3～10kΩ），反向阻值为无穷大；集电极与发射极之间的正、反向阻值均为无穷大。

14.8　电风扇维修

电风扇启动电容的检测

14.8.1　电风扇启动电容器的检修

　　电风扇的启动电容器损坏将会引起风扇电动机无法正常工作，还有可能导致电风扇的整机不工作。

　　在检查是否为启动电容器或风扇电动机出现故障时，先对电风扇进行通电测试，如果可以听到风扇电动机有"嗡嗡"的声音，表明电风扇的启动电容器没有问题；如果无法听到电动机有"嗡嗡"的声音，很可能是电风扇的启动电容器损坏。

　　将启动电容器与风扇电动机的导线断开后，再使用电阻器对启动电容器进行放电操作，如图 14-28 所示。

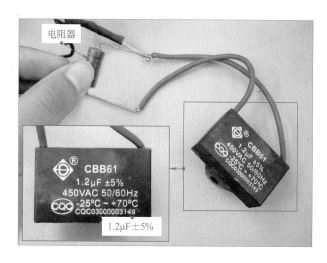

图14-28 对启动电容器放电

对启动电容器放电完成后，可通过万用表检测启动电容器的电容量。如图 14-29 所示，将万用表调整在电容测量挡，红、黑表笔分别搭在启动电容器的两引脚端。观察测量结果，实测电容量为 1.2μF，与标称值相似，说明正常。若实测结果与标称值严重不符，则说明待测启动电容器损坏，需要更换。

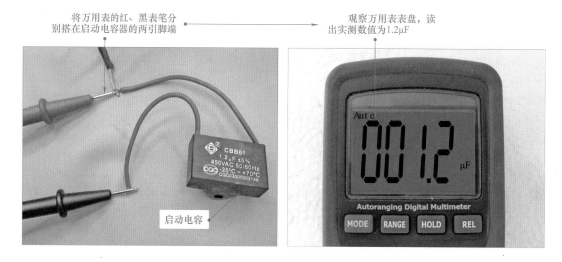

图14-29 检测启动电容器的电容量

14.8.2 电风扇电动机的检修

风扇电动机是电风扇的动力源，与扇叶相连，带动扇叶转动。若风扇电动机出现故障，将导致电风扇开启无反应等故障。

风扇电动机有无异常,可借助万用表检测各绕组之间的阻值来判断,如图 14-30 所示。

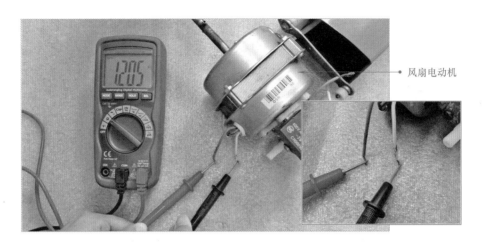

图 14-30 风扇电动机的检测方法

将万用表的挡位旋钮调整至"欧姆挡",将红、黑表笔分别搭在电动机的两根线缆上(灰和白),实际测得与启动电容连接的两个引出线之间的阻值为 1.205kΩ。

采用相同的方法,测量橙 - 白、橙 - 灰引出线之间的阻值,如图 14-31 所示,实测阻值分别为 698Ω 和 507Ω,即启动绕组阻值为 698Ω,运行绕组阻值为 507Ω。

结合风扇电动机内部的接线关系(见图 14-31),可以看到,与启动电容器连接的两根引出线即为风扇电动机启动绕组和运行绕组串联后的总阻值。

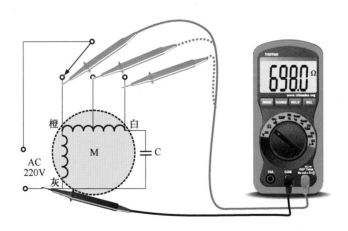

图 14-31 风扇电动机的检测示意图

实测满足 698+507 =1205Ω 的关系,则说明风扇电动机绕组正常,可进一步排查风扇电动机的机械部分。

14.8.3　电风扇摇头电动机的检修

摇头电动机如果出现故障主要导致电风扇无法进行摇头工作，图 14-32 所示为摇头电动机连线示意图。从图中可以看出，摇头电动机由两条黑色导线连接，其中一条黑色导线连接调速开关，另一条连接摇头开关。

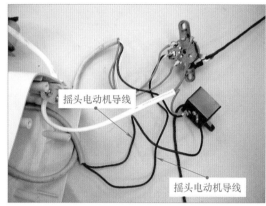

图 14-32　摇头电动机连线示意图

使用万用表检测摇头电动机时，将万用表调整至 ×1k 欧姆挡，用万用表的两支表笔分别检测摇头电动机两导线端，如图 14-33 所示。如果检测时，万用表指针指向无穷大或指向零均表示摇头电动机已经损坏；如果所测得的结果在几千欧姆左右，表明摇头电动机正常。

检测后，再旋转摇头电动机的轴承，以检查摇头电动机的轴承是否有磨损或松动等现象，并且如果摇头电动机正常，而仍旧无法工作，需要将摇头电动机拆解，查看摇头电动机内的减速齿轮组是否损坏。

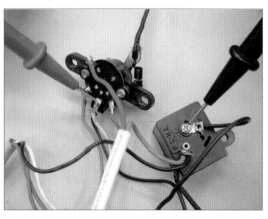

图 14-33　检测摇头电动机

14.9　电热水器的检修案例

电热水器加热器
的检测

14.9.1　电热水器加热器故障的检修案例

电热水器加热器故障会造成电热水器开机不加热、加热慢等情况。检测时，打开电热水器储水罐的侧盖，将加热器取出。首先，观察加热器表面，是否有很多水垢附着。若是，需将水垢清除。然后进一步对加热器的性能进行检测。

检测加热器两端之间的阻值即可判断其是否正常，如图 14-34 所示，经查，两端间阻值为无穷大，表明加热器已被烧断。在正常情况下应为 $50 \sim 100\Omega$。

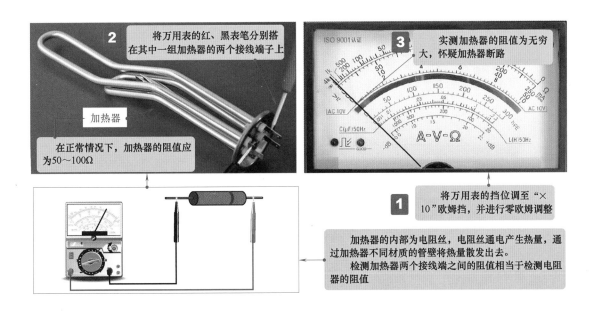

图 14-34　加热器的检测

若加热器损坏，选择同型号的加热器更换即可，但重新安装时一定要注意安装位置和角度。

14.9.2　电热水器温控器故障的检修案例

温控器是电热水器中非常重要的控制器件，温控器故障常常会造成电热水器不能正常加热、出水不热、水温调节失常等情况。

如图 14-35 所示，对于温控器的检测可使用万用表检测温度变化过程中的阻值变化。首先，调整温控器的旋钮设定一个温度值。然后，将万用表两表笔分别搭在温控器两引脚端，観察测量结果。正常情况下，温控器内部在常温状态下为接通的，所以测得的阻值应为0；若阻值不正常，说明温控器故障。

接下来，改变感温头的感应温度，即将感温头置于热水中，若感温头感应的温度超出先前设定温度，温控器内部应处于断路状态，则所测得的阻值应为无穷大。若阻值没有变化，则说明温控器已损坏，需要更换。

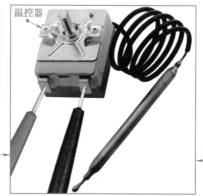

将万用表的红、黑表笔搭在电热水器温控器的两个接线端。在常温状态下，温控器内部接通。实测阻值应为0；若阻值不正常，说明温控器故障

改变感温头的感应温度，即将感温头置于热水中，若感温头感应的温度超出先前设定的温度，温控器内部应处于断路状态，则所测得的阻值应为无穷大。若阻值没有变化，则说明温控器已损坏

图14-35 温控器的检测

14.10　净水器维修

14.10.1　净水器不启动的故障检修

针对净水器不启动的故障，可按图14-36所示进行故障检修。一般来说，净水器通电不启动工作，首先应观察净水器的指示灯是否有显示。

其中，电控板是净水器的控制核心。如图14-37所示，净水器各功能部件都通过连接引线连接到电控板相应的接口上，由电控板微处理器统一控制。对于电控板的检测，可检测相应端口的输出电压或输出信号即可判别电控板的性能。如果整机控制功能失常，应重点检测控制电路板上的微处理器及外围元器件，若单一功能失常，则应针对实际情况沿接口电路逐级排查。

14.10.2　净水器无法制水的故障检修

针对净水器无法制水的故障，可按图14-38所示进行故障检修。

首先，要确认增压泵是否工作。增压泵是净水器中的关键电气部件，它主要为RO净水膜提供进水压力。增压泵故障会导致净水器无纯净水流出或纯净水流出量很小。对于增压泵的检修非常简单，可以直接为增压泵供电，正常情况下，增压泵会运转工作。若供电正常，增压泵不工作，则说明增压泵损坏。若运转过程中噪声过大，说明内部存在磨损，若过热，

则说明负载过大或内部润滑不良。若转速过低，则应检查供电电压是否符合标准。若电压正常，则说明增压泵内部电机老化。

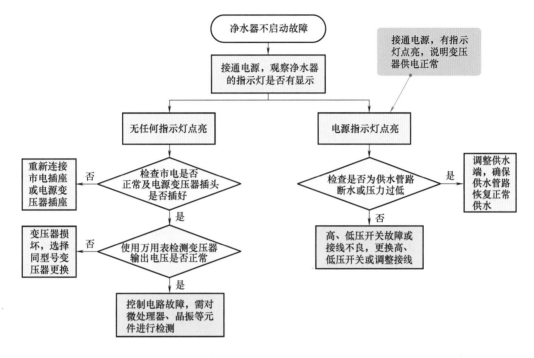

图 14-36　净水器不启动故障的检修方法

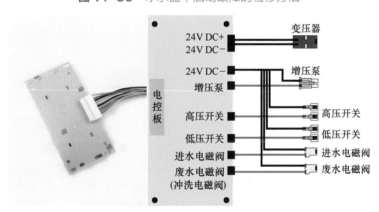

图 14-37　净水器电控板的输出引线与主要功能部件的连接关系

如图 14-39 所示，首先使用万用表直流电压挡检测增压泵直流 24V 电压输入是否正常。若在增压泵插头处能够检测到 24V 直流电压，增压泵无动作，基本可以推断增压泵损坏。也可将增压泵拆卸检测其绕组阻值，正常情况下，应该能够检测到几十欧的阻值，若阻值为无穷大，说明绕组断路。若增压泵损坏，需要使用同型号更换。

此外，进水电磁阀的额定工作电压为直流 24V，其功能是关闭自来水（原水）供应。若进水电磁阀打不开会导致无纯净水和废水产生。若进水电磁阀关不死会导致净水器停机后一直有废水流出。

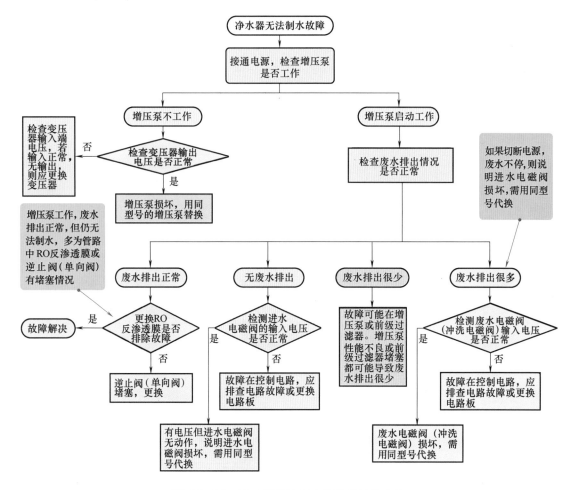

图14-38 净水器无法制水故障的检修方法

废水电磁阀的检测与进水电磁阀类似，其工作电压也为直流24V。若废水电磁阀关不严，废水的排出量会很大，而纯水流出量会很小。

如图14-40所示，以进水电磁阀为例，对进水电磁阀的检测可使用万用表检测进水电磁阀线圈绕组的阻值。将万用表两表笔搭在进水电磁阀两供电引脚端，正常时应能够检测到一定的阻值，此时实测的阻值为3.5kΩ。如果所测得的阻值为无穷大，说明绕组线圈断路，需要对进水电磁阀进行代换。

14.10.3 净水器长时间不停机的故障检修

净水器启动工作，但长时间设备一直运转，不停机。针对这类故障可按图14-41所示进行故障检修。在检修时，首先要查看纯净水的制水能力，可先对水管供水压力进行检查。供水压力过低，会导致净水器长时间不停机的情况，需对供水压力进行调节。

将万用表挡位旋钮调至直流 50V 电压挡,
红、黑表笔分别搭在增压泵的插头处

实测增压泵插头处
的电压值约为 24V

图 14-39 增压泵的检测

  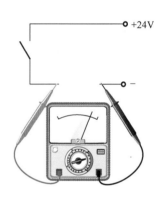

进水电磁阀
(供电负端)

进水电磁阀(供电端)

图 14-40 净水器进水电磁阀的检测

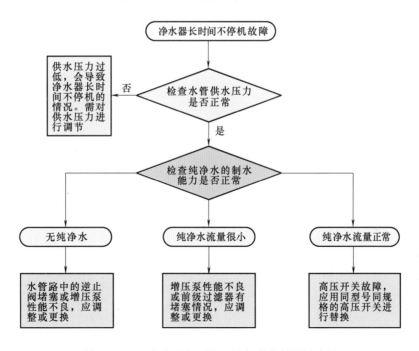

图 14-41 净水器长时间不停机故障的检修方法